U0168564

智慧建筑电气丛书

智慧医院建筑
电气设计手册

中国勘察设计协会电气分会
中国建筑节能协会电气分会　　　编
中国建设科技集团智慧建筑研究中心

机械工业出版社
CHINA MACHINE PRESS

本书内容系统、精炼，实用性强。各章内容均依据工程建设所必须遵循的现行的法规、标准和设计深度，并结合专业新技术、产品以及工程经验进行介绍，使手册更具有实用性。

本书以智能化、节能为主要编写重点，同时兼顾后期运维的便利性，注重实用性；共分为总则，变电所，自备应急电源系统，电力配电系统，照明配电系统，线缆选择及敷设，防雷、接地与安全防护，火灾自动报警及消防控制系统，公共智能化系统，医疗专用系统，建筑节能系统，典型案例共 12 章。

本书内容涉及系统和技术特征的宏观描述、设计要点和建议、技术前瞻性描述以及对未来趋势的判断，适合电气设计人员、施工人员、运维人员等相关产业电气从业人员参考。

图书在版编目（CIP）数据

智慧医院建筑电气设计手册/中国勘察设计协会电气分会，中国建筑节能协会电气分会，中国建设科技集团智慧建筑研究中心编. —北京：机械工业出版社，2021.8
（智慧建筑电气丛书）
ISBN 978-7-111-69167-9

Ⅰ.①智… Ⅱ.①中… ②中… ③中… Ⅲ.①医院-房屋建筑设备-电气设备-建筑设计-手册 Ⅳ.①TU246.1-62②TU85-62

中国版本图书馆 CIP 数据核字（2021）第 188767 号

机械工业出版社（北京市百万庄大街 22 号　邮政编码 100037）
策划编辑：何文军　责任编辑：何文军　王　荣
责任校对：张晓蓉　封面设计：魏皓天
责任印制：张　博
涿州市京南印刷厂印刷
2021 年 10 月第 1 版第 1 次印刷
148mm×210mm・8.875 印张・1 插页・251 千字
标准书号：ISBN 978-7-111-69167-9
定价：58.00 元

电话服务　　　　　　　　　　网络服务
客服电话：010-88361066　　机 工 官 网：www.cmpbook.com
　　　　　010-88379833　　机 工 官 博：weibo.com/cmp1952
　　　　　010-68326294　　金 书 网：www.golden-book.com
封底无防伪标均为盗版　　机工教育服务网：www.cmpedu.com

《智慧医院建筑电气设计手册》
编委会

主　编：

欧阳东　正高级工程师　国务院政府特殊津贴专家
　　　　会长　　　　　中国勘察设计协会电气分会
　　　　主任　　　　　中国建筑节能协会电气分会
　　　　主任　　　　　中国建设科技集团智慧建筑研究中心

副主编：

陈杰甫　高级工程师　副总工程师（电气）　华建集团上海建筑设
　　　　　　　　　　　　　　　　　　　　计研究院有限公司
　　　　副主任　　　　　　　　　　　　　中国勘察设计协会电
　　　　　　　　　　　　　　　　　　　　气分会青年专家组

主笔人（排名不分先后）：

李战赠　正高级工程师　所长　中国建筑设计研究院有限公司
陈兴忠　正高级工程师　总工　中国中元国际工程有限公司医疗建
　　　　　　　　　　　　　　筑师设计研究院
孙海龙　正高级工程师　所长　中国建筑设计研究院有限公司
容　浩　正高级工程师　总工程师　中南建筑设计院股份有限公司
　　　　　　　　　　　　　　　　机电中心
郑　宇　高级工程师　电气总工　中国建筑西南设计研究院有限
　　　　　　　　　　　　　　　公司设计三院
陈　车　正高级工程师　副总工程师　中信建筑设计研究总院有限
　　　　　　　　　　　　　　　　　公司机电二院
孙　瑜　高级工程师　机电院副总师　上海建筑设计研究院有限公司
任立全　高级工程师　电气室主任　山东省建筑设计研究院有限公
　　　　　　　　　　　　　　　　司六分院

方雅君　正高级工程师　副总工程师　福建省建筑设计研究院有限公司设备三所

罗　武　高级工程师　电气总师　中国建筑上海设计研究院有限公司分院

编写人（排名不分先后）：

肖　彦　高级工程师　主任工程师　中国建筑设计研究院有限公司

王　燕　高级工程师　总工程师　中国中元国际工程有限公司建筑一院机电所

李后飞　工程师　主任工程师　中国建筑设计研究院有限公司

王云鹏　高级工程师　副总工程师　中南建筑设计院股份有限公司机电一院

郭　东　高级工程师　副总工程师　中国建筑西南设计研究院有限公司设计一院

刘　闵　正高级工程师　主任工程师　中信建筑设计研究总院有限公司机电二院

高晓明　高级工程师　主任工程师　上海建筑设计研究院有限公司机电院

张海波　高级工程师　电气总工　同圆设计集团股份有限公司医疗一院

吴旭华　高级工程师　福建省建筑设计研究院有限公司设备一所

廖述龙　高级工程师　副主任工程师　同济大学建筑设计研究院（集团）有限公司

熊文文　所长　亚太建设科技信息研究院有限公司

于　娟　主任　亚太建设科技信息研究院有限公司

陆　璐　编辑　亚太建设科技信息研究院有限公司

李迎春　应用经理　施耐德电气（中国）有限公司上海分公司

朱文斌　电气事业部设计院渠道负责人　ABB（中国）有限公司

苗　勇　技术总监　广东欢联电子科技有限公司

陈锡良　配电系统及产品应用经理　施耐德电气（中国）有限公司

万喜峰　工程师　常熟开关制造有限公司（原常熟开关厂）

刘晓锋　技术管理部经理　深圳市泰和安科技有限公司

阮　俊　市场部技术总工　大全集团有限公司

雷永达　高级行业销售经理　丹佛斯（上海）投资有限公司

赵孙俊　市场策略及产品技术经理　浙江兆龙互连科技股份有限
　　　　　　公司

张　谦　执行董事　广州莱明电子科技有限公司

莫明锋　副总经理　广州市瑞立德信息系统有限公司

孙己凤　技术总监　广州莱明电子科技有限公司

狄秀峰　董事长　广州市瑞立德信息系统有限公司

潘　刚　全球产品总监　埃阔电气（上海）有限公司

黄　林　医院产品总监　来邦科技股份公司

张锐利　秘书长　绿色全光技术联盟

审查专家（排名不分先后）：

李雪佩　高级工程师　顾问总工　中国建筑标准设计研究院有限
　　　　　　公司

王　漪　正高级工程师　原电气总工　中国中元国际工程有限公司
　　　　副秘书长　中国勘察设计协会

陈众励　正高级工程师　电气总工　华东建筑集团股份有限公司
　　　　副会长　中国勘察设计协会电气分会
　　　　副主任　中国建筑节能协会电气分会

前　言

方兴未艾，智慧医院建设正当时。2014年8月，国家发展和改革委员会联合工业和信息化部等八部委发布《关于促进智慧城市健康发展的指导意见》，提出了"智慧医院"建设。之后，在"健康中国"战略的实施下，改善医疗服务、加速医院建设领域数字化、智慧化发展，成为持续推动智慧医院快速健康发展的重要部分。

为全面总结医院信息化建设实践，解构智慧医院的电气设计技术，中国勘察设计协会电气分会、中国建筑节能协会电气分会联合中国建设科技集团智慧建筑研究中心，组织编写了"智慧建筑电气丛书"之二《智慧医院建筑电气设计手册》（以下简称"《医院设计手册》"），由全国各地在医院电气设计领域具有丰富一线经验的青年专家组成编委会，由全国知名且具有高职务、高职称的行业专家组成审定委员会，共同就智慧医院建筑电气行业相关政策标准、建筑电气和智能化设计、节能措施和数据分析、设备与新产品应用、项目实例等几大部分进行了系统性梳理，旨在进一步推广新时代智慧医院电气技术科技进步，助力现代化医院建筑建设发展新局面，为业界提供一本实用工具书和实践项目参考书。

《医院设计手册》编写原则为前瞻性、准确性、指导性和可操作性；编写要求为正确全面、有章可循、简明扼要、突出要点、实用性强和创新性强。内容包括总则，变电所，自备应急电源系统，电力配电系统，照明配电系统，线缆选择及敷设，防雷、接地与安全防护，火灾自动报警及消防控制系统，公共智能化系统，医疗专用系统，建筑节能系统，典型案例共12章。

《医院设计手册》提出了智慧医院的定义：根据医院建筑的标准和用户的需求，统筹土建、机电、装修、场地、运维、管理、医疗、护理等专业，利用互联网、物联网、人工智能（AI）、建筑信息模型（BIM）、地理信息系统（GIS）、5G、数字孪生、数字融合、系统集成等技术，进行全生命期的数据分析、互联互通、自主学习、流程再造、运行优化和智慧管理，为客户提供一个低碳环保、节能降耗、绿色健康、高效便利、成本适中、体验舒适的人性化的医院建筑。

《医院设计手册》提出了智慧医院的发展趋势：包括医疗服务创新技术、物联网创新技术、动力能源创新技术、定位服务创新技术、态势感知创新技术、互联网医疗创新技术、医疗行业转型创新技术、系统升级创新技术、全景融合创新技术、综合管理运维创新技术和智慧医院建造创新技术。

《医院设计手册》力求为政府相关部门、建设单位、设计单位、施工单位、产品生产单位、运营单位及相关从业者提供准确全面、可引用、能决策的数据和工程案例信息，也为创新技术的推广应用提供途径，适合电气设计人员、施工人员、运维人员等相关产业从业电气人员参考。

本书的编写得到了企业常务理事和理事单位的大力支持，在此，对施耐德电气（中国）有限公司、ABB（中国）有限公司、广东欢联电子科技有限公司、施耐德万高（天津）电气设备有限公司、常熟开关制造有限公司（原常熟开关厂）、深圳市泰和安科技有限公司、大全集团有限公司、丹佛斯（上海）投资有限公司、浙江兆龙互连科技股份有限公司、广州莱明电子科技有限公司、广州市瑞立德信息系统有限公司、埃阔电气（上海）有限公司、来邦科技股份公司、绿色全光技术联盟等企业对《医院设计手册》的大力帮助，表示衷心的感谢。

由于本书编写周期紧迫，有些技术问题是目前的热点、难点和疑点，争议较大，欢迎各位读者研讨。

中国勘察设计协会电气分会　　　　　会长
中国建筑节能协会电气分会　　　　　主任
中国建设科技集团智慧建筑研究中心　主任

2021 年 3 月 15 日

目　　录

第1章　总　则

1.1　总体概述

1.1.1　定义

医院建筑是供医疗、护理病人之用的公共建筑，因其"医疗体系"所具有的专业性、多样性、复杂性，被认为是一种特殊的建筑。

医院建筑建设项目由场地、房屋建筑、建筑设备和医疗设备组成。

承担预防保健、医学科研和教学任务的综合医院，还应包括相应预防保健、科研和教学设施。医、教、研、防是综合医院的四大任务。医院建筑的"综合七项"如图 1-1-1 所示。

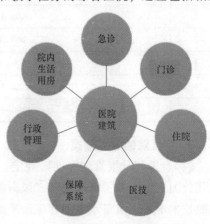

图 1-1-1　医院建筑的"综合七项"

1.1.2　医院分类

1. 按性质分类

医院通常分为科目较齐全的综合医院和专门治疗某类疾病的专科医院两类。在我国，还有专门应用中国传统医学治疗疾病的中医院。医院建筑按性质分类见表 1-1-1。

表 1-1-1 医院建筑按性质分类

分类	定义
综合医院	综合医院(General Hospital)指的是有一定数量的病床,分设内科、外科、妇科、儿科、眼科、耳鼻喉科等各种科室及药剂、检验、放射等医技部门,拥有相应人员、设备的医院
专科医院	专科医院(Specialized Hospital)指的是只做某一个或少数几个医学分科的医院。专科医院有精神专科医院、肺结核防治医院、传染病医院、儿童医院、妇幼保健医院、肿瘤医院、口腔医院、骨科医院、烧伤科医院、眼科医院、胸外科医院、颅脑医院和整形外科医院等
中医院	中医院(Traditional Chinese Medicine Hospital)指的是专门应用中国传统医学治疗疾病的医院,其内部组成和功能关系都与综合医院基本相同,但各科用药以中药为主,在"综合七项"之外增设药剂科室

2. 综合医院的建设规模分级(按病床数)

按 2021 版《综合医院建设标准》第十条,综合医院的建设规模,按病床数量分为 5 个级别,见表 1-1-2。

表 1-1-2 综合医院按建设规模分级

序号	综合医院的建设规模分级
1	200 床以下
2	200~499 床
3	500~799 床
4	800~1199 床
5	1200~1500 床

3. 按医院的等级分类

《综合医院分级管理标准》规定:根据任务和功能的不同,把医院分为三级,即一级医院、二级医院和三级医院。还根据各级医院的技术水平、质量水平和管理水平的高低,并参照必要的设施条件,分别划分为甲、乙、丙等,三级医院增设特等。因此,综合医院共分三级十等，见表 1-1-3。

表 1-1-3　综合医院等级分类

等级	丙等（≤749分）	乙等（750~899分）	甲等（≥900分）	特等	说　　明
一级	床位总数 20~99，每床建筑面积≥45m²			—	一级医院是直接向一定人口的社区提供预防、医疗、保健、康复服务的基层医院、卫生院
二级	床位总数 100~499，每床建筑面积≥45m²			—	二级医院是向多个社区提供综合医疗卫生服务和承担一定教学、科研任务的地区性医院
三级	床位总数≥500，每床建筑面积≥60m²			√	三级医院是向几个地区提供高水平专科性医疗卫生服务和执行高等教学、科研任务的区域性以上的医院

1.2　设计规范标准

1. 国家标准

GB 51039—2014《综合医院建筑设计规范》。

GB 50346—2011《生物安全实验室建筑技术规范》。

GB 50849—2014《传染病医院建筑设计规范》。

GB 50686—2011《传染病医院建筑施工及验收规范》。

GB 50333—2013《医院洁净手术部建筑技术规范》。

GB 15982—2012《医院消毒卫生标准》。

GB 51058—2014《精神专科医院建筑设计规范》。

GB 18871—2012《电离辐射防护与辐射源安全基本标准》。

GB/T 50939—2013《急救中心建筑设计规范》。

GB/T 36786—2018《病媒生物综合管理技术规范　医院》。

GB/T 51153—2015《绿色医院建筑评价标准》。

2. 行业标准

JGJ 312—2013《医疗建筑电气设计规范》。

JGJ 450—2018《老年人照料设施建筑设计标准》。

JGJ/T 40—2019《疗养院建筑设计标准》。

1.3 发展历程及趋势

1.3.1 医院建筑发展历程

1. 第一代医院建筑：吸收移植时期

19 世纪末至 20 世纪 40 年代，是我国医院建筑发展的吸收移植时期，以教会医院为代表。在此阶段，西方传教士在中国建立的教会医院主要有北京协和医院、湖南湘雅医院、山东齐鲁医院、四川华西医院等。

2. 第二代医院建筑：普及医疗时期

20 世纪 50 年代至 70 年代，是我国医院建筑发展的普及医疗时期。新中国成立后，农村建立了以村保健员、乡保健所和县保健院为代表的三级保障体系，城市医疗设施也得到了分层分级的发展，新中国建立起全民医疗的普及体系。

在医疗普及时期，医院的布局与建设基本以西式医院的运营模式进行规划设计，农村的医疗体系也较前一时期更为完善。在西式医疗体系的推广普及下，我国的就医环境和方式彻底得以改变，也为下一阶段医学技术和医院建筑的大发展奠定基础。

3. 第三代医院建筑：改革开放带来的大发展时期

20 世纪 80 年代，改革开放带来了我国医院建筑的大发展，我国的医院、医疗体系广泛参与了经济体制的市场化转型。

医学科学的发展、资金投入的加大、建筑技术的应用，使得这一时期的医院建筑日趋合理与完善，无论在功能上还是造型上都呈现出一种多维度发展的趋势。

4. 第四代医院建筑：市场化带来的转型时期

20 世纪 90 年代，市场化带来了我国医院建筑的转型时期。

20 世纪 80 年代我国医院建筑的设计实践，给了建筑师们丰富的设计经验与灵感，设计者更为合理地整合了医院建筑中日趋复杂的功能流线，在建筑造型的处理上，力求体现出医院建筑特质的同时，展现建筑的科技之美、结构之美。"医疗街"概念的引入是本阶段医院建筑设计的一大亮点。

5. 第五代医院建筑：服务病患的大发展期

21 世纪至今，我国医院建筑进入了服务病患的大发展期。医疗体制的改革为当代我国医院建筑的发展带来了深远的影响，但诸多社会因素共同作用也不可忽视，这包括我国城市化特性与信息化的发展、人口数量问题与人口加速老龄化的趋势、现代医学发展进步、医疗保障制度的变化等。通过这些社会现象的研究，建筑师能够充分了解当今医院建筑发展的动态趋势，掌握现代医院建筑设计的关键因素，从而设计出使用功能与人性化关怀高度统一的优秀作品。

1.3.2　医院建筑发展趋势

1. 绿色医院

医院建筑发展的趋势是绿色医院建筑。我国绿色医院的建设发展从"启蒙"阶段迈向"快速"发展阶段，将助推我国医院绿色低碳发展。医院建筑是绿色建筑深层次发展的重要方面，全面落实国务院"健康中国 2030"、国家"绿色建筑行动纲要"和国家关注民生的重要举措。普遍适用的绿色环保技术装配式建筑、太阳能利用、智能遮阳技术、洁净新风系统、地源热泵技术等将助推绿色医院的发展，给人们带来更加舒适、高效、节能、绿色、健康的就医环境。

2. 智慧医院

智慧医院的建设和实现，需要经历三个阶段。

第一阶段是实现院内的智慧管理、智慧服务和智慧医疗，不断提升院内医疗服务的质量、体验和效率。

第二阶段是在院内智慧化升级的基础上，实现院间、区域间甚至省级的系统联动和数据共享，实现外延式的智慧医院构建，真正实现上下级医院协同的分级诊疗。

第三阶段是药店、保险、药企以及健康管理等第三方医疗健康机构深度参与和联动的患者全生命周期健康管理，打造终极版智慧医院生态。

3. 人性化建设

医院建筑的规划与设计正经历着从单纯满足功能要求到追求环境安全性、高效性、人性化与环保性的转变，无论是医院还是患者，对于医院建筑的要求越来越高。这就要求医院设计既要不断总结经验，及时发现问题并予以解决，又要持续关注医院建设的新进展，在进行医院建筑规划设计时不仅要满足复杂的医疗功能要求，体现人文关怀，还要强调建筑与环境和谐共处，关注节能降耗，实现建筑设计的灵活适应性，满足建筑的可持续发展需求。

4. 升级改造

随着医疗改革的不断推进，医院建设工作也从以新建项目为主，逐步转向新建项目与既有建筑升级改造项目齐头并进的趋势发展。医院升级改造是既有建筑设施更新、改造、整治最有效和最直接的途径，为医院更新诊疗技术、优化建筑功能、改善医院环境和保证安全生产发挥了重要作用。

医院建筑的升级改造工作，需秉持科学决策、重视前期、规范实施的原则。同时，也需要在政策指引、投入体制、医院管理上多措并举，精准施策，有序推进，确保更好地服务于医院建筑发展大局。

5. 应对突发性公共卫生事件

突发性公共卫生事件是指突然发生，造成或者可能造成社会公众健康损害的重大传染病疫情、群体性不明原因的疾病、重大食物中毒和职业中毒以及其他严重影响公众健康的事件。

2020 年初的新型冠状病毒（COVID-19），截至 2021 年 9月，我国有超过 12 万人确诊感染，各地医疗机构、收治医院及医护人员都面临严峻的考验。此次新型冠状病毒肺炎疫情是继2003 年 SARS 病毒后又一起引发国际关注的突发公共卫生事件。医院建筑作为抗击疫情的主要载体及主阵地，能否迅速、有效地按照传染病救治原则启动应急响应体系，科学运转，分流及救治病患，对疫情的控制起到关键的作用。未来医院的建设工作中，应重点关注其抵抗传染病疫情的能力，做好医院建筑的"抗疫设计"，做到"平疫结合"，既满足医院正常时期的诊疗功能，又可保证疫情来临时的快速"平疫转换"。

通过此次疫情的经验教训，未来我国应对突发性公共卫生事件，应做到：加强重视，严格落实并执行《突发公共卫生事件应急条例》等相关法律法规、建立健全医院应急制度、制定应对突发公共卫生事件的各项预案，并做好演练训练、加强培训，提高应急专业应急队伍的业务水平、加强后勤保障建设，做好应急事件档案的建设与管理工作，以充足的能力应对未来可能出现的突发性公共卫生事件。

6. 智慧医院的发展趋势

1）医疗服务创新技术：医疗的大数据，远程医疗服务，基层医疗健康，家庭慢病管理。实现智能化、数字化、线上化的智慧医院。

2）物联网创新技术：物与物互联，人与物融合，人与人交互，实现多方融合，达到效率最高。

3）动力能源创新技术：基于需求的主动分布式能源网络。

4）定位服务创新技术：基于室内定位技术的医疗信息主动服务，实现智慧室内导航。

5）态势感知创新技术：基于前端视频分析的态势感知技术。

6）互联网医疗创新技术：基于医生 APP+患者+后台技术支持，基于发达的网通通讯及虚拟技术的远程协作，医疗行业正在快速融入新 IT 时代，社区健康与远程云平台医疗技术结合。

7）医疗行业转型创新技术：需求快速变化、技术迭代演进，传统医疗转型。

8）系统升级创新技术：成本、管理、应用、服务升级是核心，提升医疗服务机构信息化水平。

9）全景融合创新技术：物联网全时空立体可视化平台技术，

实现物联网视频融合。

10）综合管理运维创新技术：通过人工智能+智慧运维技术，实现低碳环保、能源管理、设备安全、节能运营。

11）智慧医院建造创新技术：建筑信息模型（BIM）技术、装配式技术、智慧建造技术的组合。

第2章 变 电 所

2.1 高压配电系统

2.1.1 系统架构

目前国内常见的 10kV 系统架构主要有以下几种：

1）两路市政 10kV 进线，同时使用，互为备用，如图 2-1-1 所示。

2）两路市政 10kV 进线，一用一备，如图 2-1-2 所示。

3）两路市政 10kV 进线，一主半备，如图 2-1-3 所示。

4）三路市政 10kV 进线，两主一备，如图 2-1-4 所示。

5）一路市政 10kV 进线，如图 2-1-5 所示。

2.1.2 不同构架对比与选择

1. 影响高压系统构架的因素

1）项目建设地市政中压系统的电压等级、现状市政条件及未来供电规划。

2）当地供电部门的规定与习惯做法。

3）医院建筑的负荷等级。

4）医院建筑的变压器安装容量。

2. 对外部电源要求

根据《民用建筑电气设计标准》（GB 51348—2019），不同负

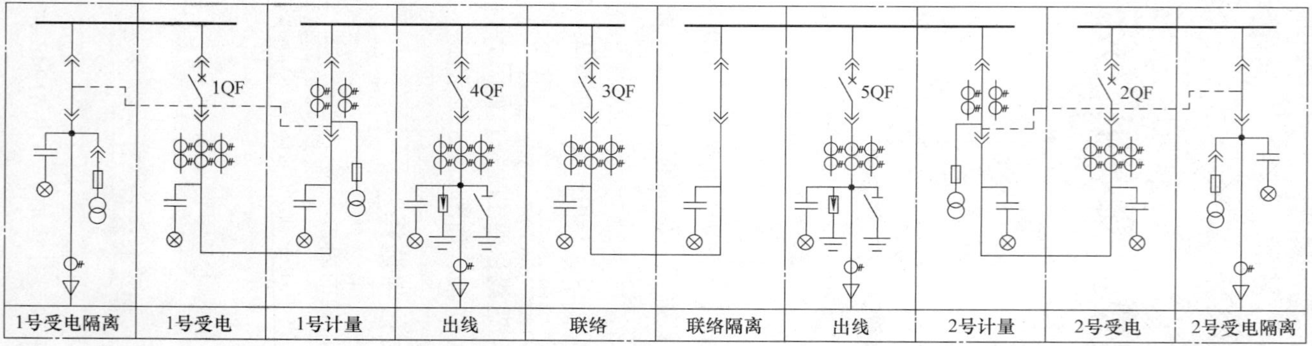

图 2-1-1 两路市政 10kV 进线，同时使用，互为备用

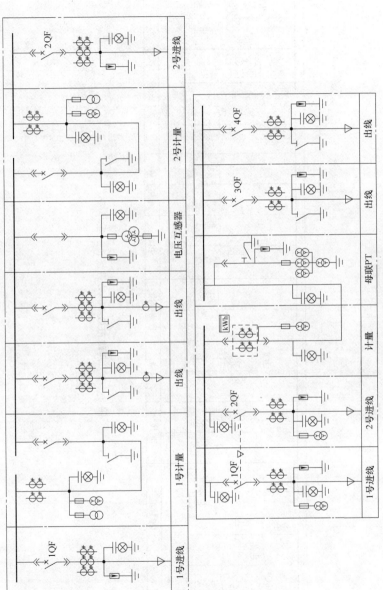

图 2-1-2 两路市政 10kV 进线，一用一备

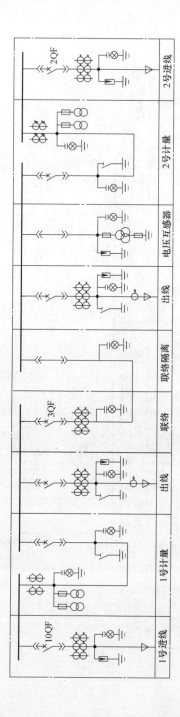

图 2-1-3 两路市政 10kV 进线，一主半备

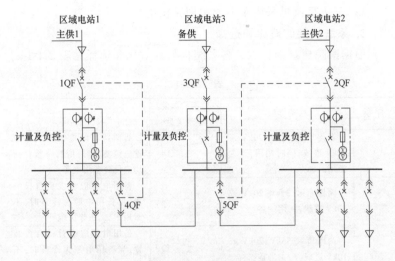

图 2-1-4　三路市政 10kV 进线，两主一备

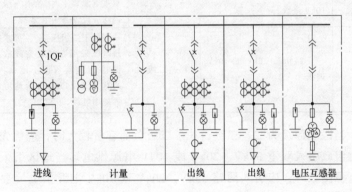

图 2-1-5　一路市政 10kV 进线

荷等级用户对外部电源要求如下：

1）一级负荷应由 35kV、20kV 或 10kV 双重电源供电，当一个电源发生故障时，另一个电源不应同时受到损坏。

2）二级负荷的外部电源宜由 35kV、20kV 或 10kV 双回路供电；当负荷较小或地区供电条件困难时，二级负荷可由一回 35kV、20kV 或 10kV 专用的架空线路供电。

3) 三级负荷可采用单电源单回路供电。

3. 系统构架的对比和选择

根据医院建筑的特点，各系统构架的对比和选择见表2-1-1。

表 2-1-1

序号	构架类型	适用的医院建筑类型	备 注
1	两路市政35kV、20kV或10kV进线，同时使用，互为备用	一、二、三级	当两路市政进线不满足双重电源要求时，所有一级负荷均应设置备用电源
2	两路市政35kV、20kV或10kV进线，一用一备	一、二、三级	备用电源应设置备自投装置，当备用电源为冷备时，不适用于二、三级医院
3	两路市政35kV、20kV或10kV进线，一主半备	一、二、三级	备用电源应设置备自投装置，当备用电源为冷备时，不适用于二、三级医院
4	三路市政35kV、20kV或10kV进线，两主一备	一、二、三级	当三路市政进线均不满足双重电源要求时，所有一级负荷均应设置备用电源
5	一路市政20kV或10kV进线	一、二级	当用于二级医院时，要求市政电源采用专线架空线放射供电，且医院规模不能太大，所有二级及以上负荷均应设置备用电源

当医院等级为二、三级，一、二级负荷容量较大时，应优先考虑由市政引入双重35kV、20kV或10kV电源供电。当地区引入双重电源困难时，应引入两路35kV、20kV或10kV电源供电（要求引自上级变电站不同35kV、20kV或10kV母线段），且为一级负荷（包括一级负荷当中特别重要负荷）设置备用电源。当医院等级仅为一级时，二级负荷容量较小（仅急诊室用电），可以采用一路10kV专用架空线供电。

2.1.3 高压开关柜选择

1. 10kV高压开关柜的分类

10kV高压开关柜按柜体结构可分为金属封闭间隔式开关柜、

金属封闭铠装式开关柜、金属封闭箱式开关柜和敞开式开关柜四大类。

2. 10kV 高压开关柜的种类

10kV 高压开关柜的种类可分为中置柜、固体绝缘柜、环网柜、箱式变压器。

3. 开关柜类型选择

医院建筑设计中，需要根据系统规模、单台变压器容量选择相应的开关柜类型：

1）KYN28A-12 中置柜具有"五防"功能的同时，还具有控制、监控和测量等功能，在实际应用中较为广泛。

2）当变电所面积受限，无法满足中置柜安装要求时，可以采用固体绝缘柜。

3）对于用电负荷小的一级医院，如果仅有两台变压器，且变压器容量不大于 1250kVA，可以考虑采用环网柜为本项目供电。

4）当建筑内有多个变电所，且分变电所单台变压器容量不大于 1250kVA 时，分变电所内高压开关柜可以选择环网柜。

4. 变电所操作电源的选择

1）变电所需要设置直流电源屏作为变电所的直流操作电源，宜选用 110V 或 220V 电池组。当高压开关采用弹簧储能操作机构时，宜采用 110V；当采用电磁操作机构时，宜采用 220V。

2）当变电所变压器容量不大于 2×800kVA 时，为节约成本，也可以采用交流操作电源，应引自电压互感器，"去分流"更可靠，宜设置不间断电源（UPS）。

5. 数字化开关柜

1）开关柜内配置自主研发的温度监测系统，采用无线无源测温方案，并采用自取能方式，不可有内置电池。实时监测开关柜电气接点处的温度。数据通过 Modbus RTU 协议上传至后台控制中心。

2）开关柜内配置断路器电气特性在线监测装置，实时监测分/合闸线圈和储能电动机电流时间等参数。

3）开关柜内配置断路器配柜在线监测装置，可实现监测断路器与开关柜的配合是否到位，有效预知蛮力操作导致的横梁等变形，避免断路器手车位置操作不到位而导致的温升及绝缘事故的发生。

4）开关柜内配置局部放电在线监测系统，实时监测开关柜内局部放电状态、开关柜内实时放电量（pC 值）、开关柜内放电位置和放电类型，实现趋势预警及报警功能。

5）开关柜内配置视频在线监测系统，实现变电站远程操作及开关设备状态二次确认的技术要求，实时监测断路器手车位置状态和接地开关分合位置状态。

6）开关柜内具备剩余电寿命在线监测功能，提前预估断路器剩余电寿命，便于主动维护。

7）开关柜内断路器手车应能实现电动进出操作，接地开关应能实现电动分合操作，适应变电站无人值守的技术要求。

8）开关柜内配置同品牌的微机保护，实现实时数据采集及故障保护功能。

9）开关柜内配置同品牌的弧光保护系统，弧光保护采用独立的系统，由传感器、电流单元及主监测单元组成，独立于微机保护装置。

2.2 变压器

目前，低损耗的配电变压器主要分为两大类，即节能型油浸式配电变压器和节能型干式配电变压器。医院建筑内变压器基本以干式配电变压器为主。

2.2.1 负荷率

变压器的长期负荷率在额定容量的 50%~70% 时最合适，在这种条件下，损耗电能最小，但是这样会导致变压器装机容量过大，造成浪费，所以，一般项目变压器的设计负荷率控制在 75%~85%。对于建筑物内多数为二级及以上负荷，仅含少量三级负荷的用户，变压器正常运行负荷率宜在 60% 左右。实际运行中，变压器负荷率通常只有 30%~50%，所以变压器容量还有进一步优化的空间。

2.2.2 节能指标

1. 设计指标

根据《工业与民用供配电设计手册（第四版）》，医院建筑的负荷密度为 80~90W/m²，变压器装设容量指标为 ≥130VA/m²（各指标均以上海地区为例）。实际设计中，变压器装机容量指标通常低于此标准。表 2-2-1 列举了一些医院建筑的变压器设计指标。

2. 实际运行指标

根据单位面积指标计算的变压器，在实际运行中，一般负荷率会较低。根据调研情况，一般医院的变压器实际运行单位面积指标仅为 60VA 以下。表 2-2-2 列举了一些医院建筑的用电情况调研。

由以上两个统计数据可见，医院建筑电气设计中，综合型医院单位面积指标按 80VA 左右估算即可，专科医院和门急诊综合楼（无地下车库、病房等）可酌情调整。

2.2.3 变压器选择

1. 变压器容量和台数选择

1）根据负荷计算、负荷等级确定变压器的负荷率，并根据当地供电局对单台变压器容量上限的限制来确定变压器安装容量，且一般不宜超过 2000kVA。

2）变压器一般成对设置，两台为一组，同一组变压器电源应分别取自高压配电室不同母线段（如采用一主半备的系统，可以将纯三级负荷的变压器组接入同一段高压母线段）。当建筑物仅有三级负荷且容量不大于 800kVA 时，可采用单台变压器供电；当建筑内有少量二级及以上负荷且总安装容量不大于 800kVA 时，若外电源能提供满足负荷使用的另一路低压 400V 电源，也可以采用单台变压器。成组设置的变压器应考虑一台检修或故障时，另一台能负担该组变压器中的全部一、二级负荷。

3）单台变压器的容量应考虑满足大型电动机及其他冲击性负荷的起动造成的电压降对其他负荷的影响，带有此类负荷的变压器，

表 2-2-1　部分医院建筑变压器设计数据汇总表

序号	项目名称	建筑功能	建筑规模 /万 m²	级别	变压器总 装机容量 /kVA	变压器容量 指标 /（VA/m²）	备注
1	北京某医院城南院区工程	综合	21.6	三甲	19300	89	新建,1200 床
2	某国际脑科医院	综合	20	三甲	18800	90	新建,1500 床
3	佛山某医院	综合	19.7	三甲	13400	68	新建,1000 床
4	宜兴某医院	综合	25	三甲	18800	75	新建,1500 床
5	桐城某医院	综合	12.9	三甲	11200	87	新建,1000 床
6	湖南某医院	综合	12	三甲	8900	74	新建,800 床
7	南宁某医院	综合	11	三甲	11200	101	新建,600 床
8	梅州某医院新住院大楼	住院楼	10	三甲	12000	120	扩建,1500 床
9	邢台某医院	综合	22	三甲	12200	55	新建,1600 床
10	北京顺义某医院	综合	13.7	三甲	11200	82	新建,800 床
11	解放军某医院门诊医技综合楼及病房楼	综合	8.2	三甲	6500	79	新建,1200 床
12	大同某医院	妇幼医院	11.8	三甲	8200	69	新建,850 床
13	解放军某医院新院区	综合	22.9	三甲	16600	72	新建
14	山西某医院放疗医技综合楼	综合	5.1	三甲	4000	78	新建
15	延庆某医院改扩建工程	综合	7.4	三甲	5600	76	改扩建
16	鄂尔多斯某外科康复医院	专科	6.4	二乙	4500	70	新建

序号	项目名称	类型		等级			备注
17	东营某医院	专科	10.4	二级	8200	79	新建
18	牡丹江某医院医疗综合楼	综合	4	三甲	2500	63	新建
19	亳州某医院新院区	综合	9.4	三甲	9350	99	新建，630床
20	唐山某保健院迁建项目	妇幼医院	14.8	三甲	14000	95	新建
21	天津某医院	综合	11.5	三甲	8960	78	新建
22	六盘水某医院改扩建项目	综合	21.2	三甲	17400	82	新建，1100床
23	拉萨某医院医疗综合大楼	综合	15.5	三甲	10500	68	新建，800床
24	庆云县某医院	综合	12.7	二甲	11400	90	新建，800床
25	丹阳某医院	综合	16.0	三甲	11150	70	老院区
26	河间某医院	综合	10.7	二甲	8100	76	新建
27	滨州某医院外科病房楼	病房楼	4.66	三甲	3750	81	新建
28	滨州某医院	综合	17	三甲	14900	87	新建，2000床
29	吕梁某医疗卫生园区	综合	29.3（含二期）	三甲	18180（含二期）	62	新建，1700床
30	昆山某医疗中心	综合	20.2（一期）	三甲	15400（一期）	76	新建，1200床
31	解放军某医院病房楼	病房楼	5.48	三甲	4450	82	老院区
32	同济某医院	综合	32.4	三甲	33400	103	新建，1500床

表 2-2-2 实际运营的医院建筑用电情况调研

序号	名 称	项目地点	性质	建筑规模 /万 m²	高峰用电 /kVA	高峰用电指标 /(VA/m²)	备 注
1	北京某医院	北京	综合	8	2878	36	改扩建部分
2	大同某医院	山西大同	综合	11.8	1300	11	空调未开，部分使用
3	昆山某院总部	江苏昆山	综合	5	2700	54	800 床
4	昆山某医院	江苏昆山	综合	9	3000	33	600 床
5	昆山某医院	江苏昆山	综合	6.2	2700	43.5	900 床
6	苏州某医院	江苏苏州	综合	8.9	2127	24	800 床
7	滨州某医院	山东滨州	病房综合楼	5.7	2009	36	800 床
8	亳州某医院	安徽亳州	综合	9.4	2364	25	660 床
9	上海某医院	上海	综合	8	3498	43.7	
10	上海某医院	上海	综合	8.45	4480	53	
11	北京某医院	北京	综合	7.48	2321	31	
12	北京某医院	北京	综合	10.6	5751	54	
13	北京某医院	北京	综合	5.06	1519	30	
14	北京某医院	北京	综合	6.19	1480	23.9	
15	解放军某医院	山东泰安	综合	8.16	2850	35	1200 床
16	上海某医院	上海	综合	4.42	2819	64	

其容量应满足电压降的要求。

4）大型医疗设备对电源内阻要求较高，为大型医疗设备供电的变压器应尽量选择容量大、阻抗电压低的变压器，大型医疗设备不必单独设置变压器。

5）因负荷容量大而选择多台变压器时，在负荷分配合理的情况下，尽量减少变压器的台数，选择相对较大容量的变压器。

6）对于大型医院建筑内季节性负荷（如制冷设备），应单独设置变压器。

2. 变压器选择的一般要求

1）设计中应优选高效、低能耗、低噪声、短路阻抗小的变压器。

2）设在建筑室内变电所的变压器应选不爆、难燃或不燃的干式变压器或气体绝缘的变压器。

3）变压器低压侧电压为400V，频率为50Hz，一般采用Dyn11联结组别的三相变压器。

4）短路阻抗电压应满足限制低压系统断路电流的要求，同时还应满足《电力变压器能效限定值及能效等级》（GB 20052—2020）的能效等级要求。

5）干式变压器采用强迫风冷式，绝缘等级不低于H级、温升100K。

6）变压器设置防止电磁干扰措施，使变压器不对该环境中任何事物构成不能承受的干扰。

3. 变压器能效等级

医院建筑的运行时间与其他建筑类型有较大差异，基本全天24h处于运转状态。作为长期运行变压器，选用不同能效等级的变压器，在长期运行的情况下，比较其他建筑类型，收回成本的时间更短，节能效果更为明显。根据《电力变压器能效限定值及能效等级》（GB 20052—2020）的要求，建议选用能效等级一级的变压器，节能效果明显。

医院建筑中的干式变压器建议采用满足二级能效值及以上的节能环保型、低损耗、低噪声的变压器，变压器应自带强迫通风装置。10kV/0.4kV 绕组联结组别为 Dyn11，从而降低空载损耗，节约电能。

4. 数字化变压器

1）Smart Trihal 数字化变压器配置自主研发的温度监测系统，采用无线无源测温方案，并采用自取能方式，不可有内置电池。实时监测变压器高压连接部位，低压铜排连接部位，分接片部位电气接点处的温度。数据通过 Modbus RTU 协议上传至后台控制中心或者就地显示。

2）低压线圈内部配置 PT100 温度传感器，实时监测低压线圈内部的温度，数据通过 Modbus RTU 协议上传至后台控制中心或者就地显示。

3）变压器本体上配置变压器在线监测装置 Observer，实时监测变压器温度发展趋势，实现就地预警和告警，并提供变压器资产信息。

主要变压器损耗指标见表 2-2-3。

表 2-2-3　主要变压器损耗指标

序号	类别	参考型号规格	主要参数/关键指标	
			空载损耗/W	负载损耗/W
1	干式变压器	SCB11-1600/10/0.4	2200	11700
2	干式变压器	SCB12-1600/10/0.4	1960	11700
3	干式变压器	SCB13-1600/10/0.4	1760	10500
4	干式变压器	NX2-1600/10/0.4	1665	10555
5	干式变压器	NX1-1600/10/0.4	1415	10555

2.3　低压配电系统

2.3.1　一般规定

1）应根据医院建筑的负荷性质并结合当地供电部门提供的"市政电源条件"，确定是否设置自备低压应急电源。一般二、三级医院建议设置柴油发电机组作为自备电源。

2）低压配电系统的设计，应做到接线简单可靠、经济合理、技术先进、配电级数合理、分级明确、操作安全方便，低压应急电源的接入方便、灵活，能适应运行中变化及检修的需要。

3）低压配电电压等级采用 220/380V，用电设备端子电压偏差应不高于电气设备正常运行的允许值。

4）低压配电柜应预留一定比例的备用开关，一般按总出线回路的 20% 考虑；冷冻机房变电所，可按 10% 预留备用开关。

5）当建筑外电源采用中压进线时，一般采用中压计量，低压侧不再设置为供电公司收费用的计量装置；如当地有不同电价政策时，应为不同电价的同类负荷单独设置母线，并设置计量子表。

6）建筑内的低压配电系统接地形式，采用 TN-S 系统，其中手术室、重症加强护理病房（ICU）、数字减影血管造影（DSA）手术室等场所采用 IT 系统，室外照明等可采用局部 TT 系统。

7）放射科、核医学科、功能检查室等部门的大型医疗设备电源，应从变电所放射供电，并分别就地设置切断电源的总隔离开关。

8）变电所低压出线回路宜设置电气火灾监控系统，其中计算电流为 300A 及以下时，宜在变电所低压配电柜内集中设置；计算电流为 300A 以上时，宜在楼层配电箱进线开关下端口设置；当配电回路为封闭母线槽或预制分支电缆时，宜在分支线路总开关下端口设置。

2.3.2 负荷计算、计算电流、尖峰电流计算、短路电流计算

1. 负荷计算、计算电流、尖峰电流计算

在方案阶段宜采用单位指标法进行负荷估算，在初步设计和施工图阶段应采用需要系数法进行负荷计算。负荷计算是确定变压器容量、备用电源、应急电源容量、无功补偿容量的重要依据，应做到准确、全面。医院建筑宜按门诊、医技和住院三部分分别计算负荷。门诊、医技用房的用电负荷主要为日负荷，住院用房的用电负荷主要为夜负荷。

1）计算变压器容量时，应将正常运行状态下的全部设备容量纳入计算，消防专用负荷、备用负荷不参与计算，季节性负荷仅考虑负荷最大的季节性负荷。需要注意的是，医院建筑中，一般都有较多的大型医疗设备，其工作制多数属于断续反复工作制，只在曝光的瞬间会产生比较大的工作电流，平时均处于低功耗的运行状态。故在进行负荷计算的时候，其需要系数可以取得较低或按照二项式法进行负荷计算。

2）计算备用电源、应急电源容量时，应区分消防和非消防状态分别计算，按结果较大者选择备用电源、应急电源。

3）计算消防状态的电源容量时，应遵循"一处着火"的原则，不应将全部消防负荷简单相加。消防应急供电系统的供电容量，应保证火灾发生时建筑物内所有应急照明、消防电梯、消防水泵、消防控制室、相邻两个最大的防火分区排烟风机、排烟补风机及正压送风机的正常供电。

计算电流是计算负荷在额定电压下的正常工作电流，它是选择保护电器、导体、计算电压偏差、功率损耗等的重要依据。

尖峰电流是电动机等用电设备起动或冲击性负荷工作时产生的最大负荷电流，持续时间一般为 1～2s。它是计算电压波动和选择低压保护电器、检验电动机自起动条件等的依据。

根据配电回路的计算电流、尖峰电流计算，确定保护开关的脱扣曲线特性及脱扣器整定值；根据负荷计算结果，确定变压器容量、备用电源、应急电源的容量及低压无功补偿的容量。

2. 短路电流计算

预期最大短路电流计算是选择保护开关分断能力及进行出线电缆热稳定校验的依据。当采用限流型断路器时，宜按能量曲线查得实际短路电流后再根据实际短路电流进行电缆热稳定校验。

预期最小短路电流计算是进行保护开关灵敏度校验的依据。当出线电缆长度较长时，应进行灵敏度校验，以确保末端短路电流能确保保护开关瞬动保护（或短路短延时保护）可靠动作。

根据最大短路电流计算结果，校验开关分断能力，一般要求断路器运行短路分断能力应不小于预期最大短路电流，当无法达到时，至少断路器极限短路分断能力应不小于预期最大短路电流。

根据最大短路电流计算结果，校验导体的热稳定；根据最小短路电流计算结果，校验保护开关的灵敏度。当最小短路电流无法满足保护开关灵敏度要求时，可通过加大导体截面面积或调整保护开关瞬动（或短延时）整定倍数的方式解决，优先采用后者，以尽量减小导体截面面积，降低投资。

医院建筑内大型医疗设备对电源内阻要求较高，单纯按照保护开关整定值选择电缆往往无法满足电源内阻要求，一般大型医疗设备的配电电缆会比按保护开关整定值选择的电缆截面面积大，具体截面尺寸建议在设计阶段按图集《医疗建筑电气设计与安装》（19D706-2）中的建议值选择，工程实施阶段，再根据具体订货产品由厂家提供电缆截面尺寸具体数值。

2.3.3 无功补偿

供配电系统设计中应合理选择电动机功率、变压器容量、数量，并应通过优化系统接线、采用正确的电线、电缆敷设方式等措施减少供配电线路感抗，提高自然功率因数。

当用户端变压器高压侧自然功率因数不满足供电部门要求时，应在变电所低压侧设置集中无功自动补偿装置，补偿后的高压侧功率因数一般不低于 0.95，当项目所在地供电部门对高压侧功率因数另有规定时，以相应的规定为准。

在供电系统的方案设计阶段，无功补偿容量可按变压器容量的 15%~30% 估算，在施工图阶段，应进行无功功率计算，以确定补偿电容器的容量，且应留有适当裕量。一般按变压器容量的 30% 设计，当项目所在地供电部门另有规定时，以相应的规定为准。

对于三相不平衡的供配电系统，当三相不平衡超过 15% 时，应采用带分相无功自动补偿功能的补偿装置。分相无功自动补偿装置比例可按整体无功补偿容量的 30%~40% 考虑。分相无功自动补偿装置设置比例要以项目所在地供电部门要求为准。

采用低压集中自动补偿时，宜采用功率因数调节原则，采用分组自动循环投切式补偿装置，并应防止过补偿、防止振荡（反复投切）、防止负荷倒送和过电压。

电容器分组时，应符合下列要求：

1）分组电容器投切时，不应产生谐振。

2）应与配套设备的技术参数相适应。

3）应满足电压偏差的允许范围。

4）必要时采用不等容分组、分步投切等措施，以便减少分组组数。

功率因数补偿电容器组宜串联适当参数的电抗器。当采用自动调节式补偿电容器时，应按电容器的分组，分别串入电抗器。串联电抗器的主要目的如下：

1）保护电力电容器。在电力电容器上串联电抗器之后，电抗器可以阻止部分谐波通过电容器，从而达到保护电力电容器的目的。

2）如果电力系统中某次谐波比较严重，可以选用对应电抗率的电抗器，组成滤波回路，消除系统中的谐波。针对不同次的谐波，可以采取不同电抗率的电抗器。当系统中 3 次谐波严重时，一般选用 14% 电抗率的电抗器，5 次、7 次谐波严重时，一般选用 7% 电抗率的电抗器，也可采用 14% 和 5% 两种电抗率混装方式。医院建筑中电抗器的电抗率一般按 14% 选取。

3）将电力电容器串联电抗器，还可以起到抑制合闸涌流的效果。电抗器能够减小短路电流，使短路时系统电压保持不变，还可以在涌流时减小对电力电容器的冲击。

由于串联了电抗器，电容器两端电压会被抬高，故在选择电容器额定电压时应注意，当装设串联电抗器的电抗率为 7% 时，电容器额定电压建议不低于 480V；当串联电抗器的电抗率为 14% 时，电容器额定电压建议不低于 525V。

在串联电抗器之后，电抗器的容量会抵消部分电容器的容量，导致电容/电抗器组的实际补偿容量与电容器的额定容量不一致，造成无功补偿容量不足的情况。因此在选择电容器的额定容量时，应按电容/电抗器组的实际补偿容量选择，或将电容器补偿容量提高。当电抗器的电抗率为 7% 时，电容器安装容量应为补偿容量的

1.35 倍；当电抗器的电抗率为 14% 时，电容器安装容量应为补偿容量的 1.5 倍。

电容器保护电器与导体选择原则如下：

1）并联电容器装置为配套产品，其性能应符合相应的设计标准。

2）总开关应具有切除所连接的全部电容器组和切断总回路短路电流能力。

3）用于单台电容器保护的外熔断器的熔丝额定电流，可按电容器额定电流的 1.37~1.50 倍选择。

4）单台电容器至母线或熔断器的连接线应采用软导线，其长期允许电流不宜小于单台电容器额定电流的 1.5 倍。

5）并联电容器装置的分组回路，回路导体截面面积（单位为 mm^2）应按并联电容器组额定电流（单位为 A）的 1.3 倍选择，并联电容器组的汇流母线和均压线导线截面面积应与分组回路的导体截面面积相同。

对于无功快速变化的医疗设备，宜采用动态无功补偿静止无功发生器（SVG）装置，SVG 不仅动态进行无功补偿，而且还能滤除一定的高次谐波，有效提高配电系统供电可靠性和供电质量水平。

2.3.4 谐波治理

医院建筑内有大量对谐波敏感的设备，有些设备本身就是谐波源，故谐波治理的目的，既是控制向公共电网注入谐波含量，也是满足谐波敏感设备正常运行的需要。

谐波治理的变电所低压配电系统设计时，应考虑向公共电网注入的谐波含量不大于《电能质量　公用电网谐波》（GB/T 14549—1993）中表 1 的要求，注入公共连接点的谐波电流允许值不大于《电能质量　公用电网谐波》（GB/T 14549—1993）中表 2 的要求。

常用的谐波治理措施如下：

1）医院建筑内 $3n$ 次谐波电流含量较大，应选用联结组别为 Dyn11 的变压器。

2）医院建筑宜在易产生谐波和对谐波骚扰敏感的医疗设备、计算机网络设备附近或其专用干线末端（或首端）设置滤波或隔离谐波的装置。当采用无源滤波装置时，应注意选择滤波装置的参数，避免电网发生局部谐振。

3）当配电系统中具有相对集中的长期稳定运行的大容量（如200kVA或以上）非线性谐波源负荷，且谐波电流超标或设备电磁兼容水平不能满足要求时，宜选用无源滤波器；当用无源滤波器不能满足要求时，宜选用有源滤波器或有源无源组合型滤波器。

4）大容量的谐波源设备，应要求其产品自带滤波设备，将谐波电流含量限制在允许范围内。大容量非线性负荷除进行必要的谐波治理外，尚应尽量将其接入配电系统的上游，使其尽量靠近变电所布置，并以专用回路供电。

5）对谐波严重又未进行治理的回路，其中性线截面面积选择，应考虑谐波电流的影响。

6）当配电系统中的谐波源设备已设有适当的滤波装置时，相应回路的中性线宜与相线等截面面积。

7）由晶闸管控制的负荷宜采用对称控制，以减小中性线中的电流。当中性线中的电流大于相线电流时，应按中性线电流选择电缆截面面积。

8）当三相UPS、应急电源（EPS）输出端接地形式采用TN-S系统时，其输出端中性线应就近直接接地，且输出端中性线与其电源端中性线不应就近直接相连。

9）谐波严重场所的无功补偿电容器组，宜串联适当参数的电抗器，以避免谐振和限制电容器回路中的谐波电流。对于大型医院建筑，建议在谐波含量高或对谐波敏感设备较多的变压器低压侧集中设置SVG或有源滤波器（APF）一体化装置。

2.3.5 系统主接线形式

1. 低压母线

单台变压器低压母线采用单母线运行；成对设置的变压器组低压母线采用单母线分段运行，并设置低压母联断路器。

2. 母联断路器

低压母联断路器采用自投方式时应满足下列控制功能：

1）应设有自投自复、自投手复、自投停用三种选择功能。

2）母联断路器自投时应设有一定的延时，当变压器低压侧主开关因过负荷或短路等故障而分闸时，不允许关合母联断路器。

3）低压侧主断路器与母联断路器应设有电气联锁，防止变压器并联。

4）当两台变压器具备短时并联运行条件时，母联断路器手动投切时应具备合环倒闸功能。

5）低压母联断路器自动投用前，应根据该组变压器的可用容量卸载全部或部分三级负荷，防止母联断路器投运后造成变压器主进开关过负荷跳闸。

6）卸载三级负荷建议采用施耐德电气进线母联自动投切和智能负荷卸载装置 ATMT3BRCb，该装置具有以下功能和特点：

① 分列运行负荷卸载功能，根据变压器实际负荷电流智能卸载，降低变压器过负荷风险。

② 电源故障时负荷卸载功能，为母联自动转换增加可用负荷的判据，提高转换安全性，同时提升三级负荷供电连续性。

③ 手动并联切换，让计划内检修不停电，减少对末端敏感设备的影响，极大方便了运维人员。

④ ATMT3BRCb 带有通信接口，可以接入任一配电监控系统中，实现智能配电功能。

ATMT3BRCb 应用接线示意图如图 2-3-1 所示。

3. 供电设计

应急柴油发电机组供电接入应满足以下要求：

1）作为外电源为建筑内负荷供电，电压等级无特殊要求应采用电压为 230/400V，频率为 50Hz。

2）当仅为建筑内重要负荷供电时，重要负荷应单设母线段，该母线段正常电源主开关与发电机侧供电电源开关应设有联锁（机械联锁、电气联锁）或通过双电源互投开关接入，防止并网运行。

3）当柴油发电机既为消防负荷供电又为非消防的重要负荷供

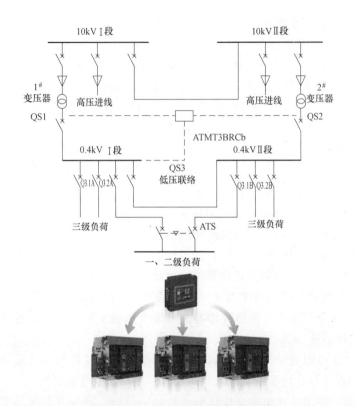

图 2-3-1　ATMT3BRCb 应用接线示意图

电时，接线方式应在非火灾状态下具有向重要负荷供电的功能。建议将消防母线段和重要负荷母线段分开设置。

4）应根据医院电气设备工作场所分类要求进行配电系统设计。备用电源的投入应满足医疗工艺的要求。

4．开关设置

主进开关、母联开关及配电回路的开关设置原则如下：

1）变电所低压配电回路保护开关应采用断路器，断路器可采用热磁脱扣器、单磁脱扣器、电子脱扣器和带网络接口的智能断路器。

2）变压器低压主进开关、母联开关应配置至少带有长延时、短延时保护功能的电子脱扣器（瞬动功能解除）。低压馈线开关宜配置至少带有长延时、顺时保护功能的电子脱扣器。

3）断路器额定电流不应小于所在回路的计算电流，应能接通、承载以及分断正常条件下的工作电流，也应具有在短路条件下接通、承载和分断安装处预期短路电流的能力。

4）断路器一般具有短路保护、过负荷保护、接地故障保护、过电压及欠电压保护功能。

5）主进开关与母联开关应考虑与馈线开关的配合关系，其短路短延时动作电流应不小于馈线开关瞬动保护（或短路短延时保护）动作电流的1.3倍，如无法满足，应适当调低馈线开关的瞬动保护倍数（或短路短延时保护倍数）。

6）所有馈线开关应考虑与下级保护电器的配合关系，既要防止越级跳闸，也应充分校验其瞬动保护（或短路短延时保护）灵敏度，以保证其保护的线路末端出现最小短路电流时，瞬动保护（或短路短延时保护）可靠动作。如灵敏度无法满足要求，应优先考虑调低馈线开关的瞬动保护倍数（或短路短延时保护倍数），必要时增大馈线电缆截面面积。

7）每个断路器均应设置隔离电器（当有隔离手车时可不单独设置）。隔离电器宜同时断开电源所有极，以满足维护、测试和检修的要求。

8）低压侧主断路器及母联断路器采用固定式时，主断路器的进出线侧及母联断路器的两侧应装设刀开关。

9）低压馈线回路断路器类型根据开关柜类型配置，固定式开关柜配置插拔式断路器或每个固定式断路器前端配置刀开关，抽屉柜配置固定式断路器。

10）应急电源接入回路保护，且应具有以下功能：

① 当采用柴油发电机组作为自备应急电源时，应单独设置应急配电母线段。当应急电源既给消防负荷供电又给非消防负荷供电时，宜采用不同的应急母线段供电。当系统中消防负荷或非消防负荷非常少时，可以采取共用应急母线段，但应分开低压柜，且两种类型负荷的低压柜间要采取防火隔离措施。

② 应急电源作为正常电源的备用电源，在正常电源故障后，应在短时间内快速、可靠起动，起动信号可取自成组变压器的两个

进线开关下口电压信号，也可取至应急母线段正常电源进线保护开关下口电压信号。起动应有一定的延时时间，一般为 5~10s。

③ 应急电源与正常电源应能可靠转换，保证应急母线段负荷供电的连续性，同时应急电源与正常电源之间要采取防止并联运行的转换装置。

④ 转换装置应具手动操作和自动投切功能，可根据负荷允许停电时间来确定。当设有自动复位功能时，复位应具有一定的延时可调性，同时要与发电机停机时间相匹配。

⑤ 根据接地方式确定转换开关的极数，在 TN-S 系统中转换开关应采用四极。

⑥ 为避免柴油发电机投入供电时引起应急母线上起动电压降，宜考虑分时投入用电负荷。当自动投入时，应按负荷停电时间的需求程度，考虑在部分断路器上增设延时继电器。

11）其他要求

① 馈线断路器脱扣器曲线一般采用 C 形曲线，对馈线回路有特殊要求的可按需求确定。

② 馈线断路器可配置失电压脱扣器或分励脱扣器，可根据需要配置。当馈线回路有联锁脱扣控制要求时，应选择配置分励脱扣器。当所在地区电压不稳定时，应慎用失电压脱扣器。

5. 变配电监控系统

1）在变电所值班室应设置高低压变配电监控系统。

2）当建筑物内有多个变电所时，若无特殊要求，可仅在主变电所设置，其他可设置无人值守，所有信息上传，统一管理，集中调控。

3）当用户对某一分变电所如冷冻站变电所有值班要求时，可设置变电所变配电监视系统分站。

4）当分变电所的日常巡视与管理需现场进行系统设置参数时，可就地设置本变电所的监控终端机。

5）当建筑物设有能源管理系统或建筑设备监控系统时，变电所的采集信息需通过接口上传。

6）当系统有预警、远程分合开关的要求时，所控制回路的断路器须具有远程操作功能。

7）系统布线可采用双绞屏蔽线通过链式连接将网络元器件连接至数据采集器，数据采集器至网络交换机、网络交换机至电力监控主机采用网络连接，也可通过光纤进行数据传输。

6. 智能配电系统

1）EcoStruxure Power 是集智能硬件、专业软件和持续服务于一体的整体智能配电系统解决方案。

EcoStruxure Power 智能配电系统囊括中压、低压的变配电系统智能化，整合本地边缘控制系统和云端的大数据管理平台，将现场设备的运行状态，包括智能断路器、监测保护设备、通信、监测分析软件和大数据分析进行完美整合的解决方案。硬件设备包括 Smart HVX 智能中压断路器、MTZ 智能框架断路器、智能塑壳断路器、Power Tag NSX 智能塑壳断路器无线电能测量模块、Power Tag FD 微型断路器无线电能测量模块、Panel Server 物联网网关、多设备柜门显示单元、Thermal Tag 无线温度传感器、I-LINE 系列智能母线模块等。边缘控制系统包括本地 POI 站控专家、本地 PME 电能管理系统、本地 PSO 电力监控系统、云端数字化运维管理平台"施耐德电气千里眼"运维专家等。

2）Ability™ 智慧能源管理系统是创新型云端+就地边缘计算协同平台，以电为主线、数字化为基础、智能化为手段，贯彻"安全、舒适、高效、绿色"的价值主张，为智慧医院提供配电数字化解决方案。

Ability™ 智慧能源管理系统通过嵌入式或外置式网关和即插即用的智能化元件，将中低压设备、终端配电箱快速部署并接入本地和云端平台，利用大数据分析及专业算法，随时随地通过智能手机、平板式计算机及个人计算机访问预置的工作界面，实现电气系统的监测、优化、管理与预测，同时可提供开发式平台，支持应用程序编程接口（API）等开发工具，以满足接入第三方系统。

Ability™ 智慧能源管理系统通过本地边缘控制，实现就地设备资产及能源的全面监控，针对能源质量管理、能源消费分析、重点能耗设备管理等多种手段，使管理者对能源成本比例及发展趋势有准确的掌握，优化能源使用结构，实行节能减排，助力碳中和。

3）CS-Smartlink 数字化综合配电解决方案不仅可以满足智能配电的需求，还可以同时实现泛在物联的远程管理，实现了高度集成化，同时多种类型的智能化配电元件和系统解决方案，为用户提供了丰富选择，方便用户的简便使用和快捷调试。

CBMC 智能配电云管理平台为用户提供 24h 的自动托管监视服务，当产品参数超限时，自动上报售后服务部门，完成主动运维服务。所有的智能化配电产品提供无缝接入的云服务，无须配置专门监控软件也无须配备现场监控计算机，即可进行系统的远程管理和维护，综合系统成本大幅减低。平台支持功能有配电管理、能耗管理、事件管理、维护管理、资产管理和系统管理等。用户可以通过联网的计算机、平板式计算机和智能手机随时随地地查看自己设备的工作状态和相关历史记录、维护管理和资产管理，帮助用户对自己的配电产品进行全生命周期的主动管理服务。

4）随着物联网和智能化技术快速发展，互联互通同时也带来了数据安全方面的诸多挑战。智能配电系统应符合 IEC 62443 网络安全规范标准或同等效力的国际、国家标准。

针对医院能源管理，为设计、经营设施或组织的能源管理建立一个框架，智能配电系统应符合 ISO 50001 能源管理标准，以协助企业提高能源使用效率、减少成本支出及改善环境效益。

7. 低压开关柜选择

（1）国产低压柜

1）常见的低压开关柜类型包括 GCS、GCK、MNS、GGD 四种，其中 GGD 是固定柜，GCK、GCS、MNS 是抽屉柜，几种开关抽屉柜的异同点见表 2-3-1、表 2-3-2。

2）各种型号低压开关柜的优缺点见表 2-3-3。

综上，根据医院建筑对低压开关柜的要求及对智能配电的要求，建议优先选用 GCS 或 MNS 低压开关柜。有条件时，还可以选择品牌低压开关柜。

（2）品牌低压开关柜

品牌低压开关柜主要包括 BlokSeT、Okken 预智低压成套设备。

1）BlokSeT、Okken 预智方案，可实现低压开关柜出厂即互联。

表 2-3-1 几种低压开关抽屉柜的异同点（一）

产品型号	互换性	联锁位置	固定与抽出混装方式	抽屉推进式	抽屉间隔安装方式	分断接通能力	二次最大安装回路数	动热稳定性	垂直排
GCK	差	—	无	可以	左右	高	16	好	三相
GCS	良好	良好	不明显	可以	旋转	高	20	高	三相
MNS	良好	良好	不明显	可以	联锁	强	20	强	三相四线

表 2-3-2 几种低压开关抽屉柜的异同点（二）

产品型号	最小模数	母线	最小功能单元模数	原产地	模数层数	安装模数	操作柜
GCK	1 单元	水平母线设在柜顶垂直母线没有阻燃型塑料功能板	1 抽屉	国内自主开发	最多 9 层	最多 9 抽屉	单面
GCS	1/2 单元	水平母线后出线垂直母线设有阻燃型塑料功能板	1/2 抽屉	国内自主开发	最多 11 层	最多 22 抽屉	单面
MNS	1/4 单元	水平母线后出线垂直母线设有阻燃型塑料功能板	1/4 抽屉	ABB 引进	最多 9 层	最多 72 抽屉	双面

表 2-3-3　各种型号低压开关柜的优缺点

产品型号	优　点	缺　点
GGD	结构合理,安装维护方便,防护性能好,分断能力高,容量大,分段能力强,动稳定性强,电气方案适用性广,可作为换代产品使用	回路少,单元之间不能任意组合,占地面积大,不能与计算机联络
GCK	分断能力高、动热稳定性好、结构先进合理、电气方案灵活、系列性和通用性强、各种方案单元任意组合。一台柜体容纳的回路数较多、节省占地面积、防护等级高、安全可靠、维修方便等	水平母线设在柜顶垂直母线没有阻燃型塑料功能板,不能与计算机联络
GCS	具有较高技术性能指标、能够适应电力市场发展需要,并可与现有引进的产品竞争。根据安全、经济、合理、可靠的原则设计的新型低压抽出式开关柜,还具有分断、接通能力高、动热稳定性好、电气方案灵活、组合方便、系列性实用性强、结构新颖、防护等级高等特点	只能做单面操作柜,最小功能单元模数为1/2 抽屉
MNS	1)设计紧凑,以较小的空间合纳较多的功能单元 2)结构通用性强,组装灵活:以 25mm 为模数的 C 形型材能满足各种结构形式、防护等级及使用环境的要求 3)采用标准模块设计,分别可组成保护、操作、转换、控制、调节、指示等标准单元,用户可根据需要任意选用组装 4)技术性能高,主要参数达到当代国际技术水平 5)压缩场地。三化程度高,可大大压缩储存和运输预制件的场地 6)装配方便,无特殊复杂性	造价高,对于中小型用户有一定难度

① 可进行进线柜框架断路器进线连接处的温度测量。

② 支持数字化面板功能,可以指示母线失电压状态报警、超温报警、网络连接状态显示。

③ 通过扫描柜体上二维码进行防伪查询以及资产管理系统查询,并可通过计算机、智能手机等实现本地或远程监管。

2) 完整智能配电解决方案,为了满足更安全、更高效、更智能的全新需求,包括以下功能:

① 基于 TCP/IP 以太网实现实时通信。

② 主母排、框架断路器进出线连接排、重要馈电回路的温度测量。

③ 可配备柜门显示单元，用以集中显示柜内设备的运行情况。

④ 开关元件、网关模块、柜门显示单元以及后台系统应采用统一品牌，保证系统的兼容性、可靠性及有效性。

⑤ 可配备基于云平台的运行维护及资产管理系统。

3）BlokSeT、Okken 产品结构特点见表 2-3-4。

表 2-3-4　BlokSeT、Okken 产品结构特点

型号	BlokSeT	Okken
参数标准	IEC 60529—2013 IEC 61439-1&2—2011 IEC TR 61641—2014 GB 7251.1—2013 GB/T 18859—2016 GB/T 2424.25—2000	IEC 61439-1&2—2011 IEC TR 61641—2014 GB 7251.12—2013 GB/T 18859—2016
额定短时耐受电流	100kA,1s	150kA,1s
抗震性能	地震烈度 9 度及以上	普通柜型烈度 8 度 可选方案:地震烈度 9 度及以上
燃弧防护	85kA,0.5s 65kA,0.3s	可选方案:100kA,0.5s
防腐方案/EMC（电磁兼容）报告/完整型式试验报告	有/有/有	有/有/有
柜体结构	框架配有可拆卸式横梁,方便现场母排搭接及电缆敷设	框架配有可拆卸式横梁,方便现场母排搭接及电缆敷设
水平母线系统	水平母线搭接有专用的鱼形排,方便现场安装和升级	水平母线搭接有专用的鱼形排,无孔搭接
抽屉柜柜体结构	抽屉柜使用双夹头技术,使抽屉端子对垂直排的磨损为零,防止功能单元插拔操作过程中对母线系统的直接操作,同时保证良好的互换性和快速加装能力	抽屉柜使用双夹头技术,使抽屉端子对垂直排的磨损为零,防止功能单元插拔操作过程中对母线系统的直接操作,同时保证良好的互换性和快速加装能力

型号	BlokSeT	Okken
抽屉功能 单元尺寸	100mm，150mm，200mm，300mm，400mm，450mm 1/2 宽度 200mm	100mm，150mm，200mm，300mm，400mm，450mm 1/2 宽度 150mm，1/2 宽度 200mm
固定柜柜体结构	固定柜具有良好的电气性能,框架断路器与塑壳断路器可以实现独立安装、叠装或者混装。最多可安装 3 台 1600A 框架断路器,或 9 个 NS630 塑壳断路器,或 24 个 NSX250 及以下塑壳断路器	固定柜具有良好的电气性能,框架断路器与塑壳断路器可以实现独立安装、叠装或者混装。最多可安装 3 台 1600A 框架断路器,或 9 个 NS630 塑壳断路器,或 24 个 NSX250 及以下塑壳断路器

综上，根据医院建筑对于低压开关柜的安全性、可靠性以及智能性要求，施耐德电气低压品牌柜 BlokSeT、Okken 预智低压成套设备可全面满足要求，并可依托其完整智能配电解决方案，实现低压供配电系统与数字化融合，打造更高等级的能效管理方式。BlokSeT 选型示例见表 2-3-5，采用 Form3b/IP31/3P 方案，水平母线载流量为 4000A。

表 2-3-5　BlokSeT 选型示例

序号	柜型	叠装或混装	方案类型	额定短时耐受电流(1s)/kA 水平母线	额定短时耐受电流(1s)/kA 垂直母线	开关型号	无功功率补偿值/kvar	馈电回路方案（依据实际回路数可增加）回路 1	回路 2	回路 3	回路 4
1	进线柜			85		MTZ 240					
2	母联柜			85		MTZ 240					
3	Dc 电容柜			85			300				
4	D 固定馈电柜	叠装		85	65			MTZ 210	MTZ 210	MTZ 210	
5	D 固定馈电柜	混装		85	65			MTZ 210	NSX 100	NSX 100	NSX 630

序号	柜型	叠装或混装	方案类型	额定短时耐受电流(1s)/kA		开关型号	无功功率补偿值/kvar	馈电回路方案（依据实际回路数可增加）			
				水平母线	垂直母线			回路1	回路2	回路3	回路4
6	Mx抽屉馈电柜		PCC	85	65			NSX 100	NSX 100	NSX 400	NSX 630
7	Mx抽屉馈电柜		MCC	85	65			NSX 100 0.75kW	NSX 100 0.75kW	NSX 160 75kW	NSX 160 75kW
8	Mx抽屉混装馈电柜	混装		85	65			MTZ 210	NSX 100	NSX 400	NSX 630
9	Da双电源柜				85	WOTPC 4000					
10	Ms变频软起柜		变频	85		NSX 400		ATV 630C 16N4			

2.4 变电所的选址

医院建筑中电气设备用房的规划和选址除了需满足电气参数的要求外，还需兼顾土建条件、适用场所以及适当考虑扩展的可能性。其基本限制条件有：

1）不应设在有剧烈振动的场所。

2）不宜设在多尘、水雾（如大型冷却塔）或有腐蚀性气体的场所，如无法远离时，不应设在污染源的下风侧。

3）不应设在厕所、浴室或其他经常积水场所的正下方或贴邻。

4）不应设在爆炸危险场所以内和不宜设在有火灾危险场所的正上方或正下方，如布置在爆炸危险场所范围以内和布置在与火灾危险场所的建筑物毗连时，应符合《爆炸危险环境电力装置设计规范》（GB 50058—2014）的规定。

5）不宜设在地势低洼和可能积水的场所。

6）变电所（室）的门不宜设置于大量病人及家属能达到的场所，且不宜靠近医患的主出入口。

7）变电所应避开建筑物的伸缩缝、沉降缝处；并应避免积水沿其他渠道淹渍配变电所的可能性。

8）变压器室不宜与有防电磁干扰要求的设备或机房（如大型医疗设备机房）贴邻或位于其正上方、正下方，不能满足时应考虑防电磁干扰措施。

第3章 自备应急电源系统

3.1 应急电源综述

3.1.1 应急电源的设置

医院建筑内有大量一级特别重要负荷，一级特别重要负荷除由双重电源供电外，尚应增设应急电源供电。

医院建筑内的应急电源的容量应满足全部一级特别重要负荷及部分一级负荷的用电，一级负荷及一级特别重要负荷供电应由变电所低压应急母线段分回路供电。

3.1.2 应急电源的种类和选择

在医院建筑中应用较多的应急电源主要有下列几种：

1）独立于正常电源的柴油发电机组，主要适用于一级特别重要负荷及部分一级负荷。

2）UPS 主要适用于供电恢复时间小于或等于 0.5s 的一级特别重要负荷。

3）EPS 主要适用于火灾应急照明及疏散指示系统。

应急电源的选择应根据负荷的供电容量、供电持续时间、断电后的供电恢复时间等因素综合考虑。医院建筑中往往同时使用几种应急电源，它们相互配合使用，满足相关规范要求，医疗场所应急电源的选择见表 3-1-1。

表 3-1-1　应急电源的选择

负荷等级	负荷名称	电源方案
一级负荷中特别重要的负荷	急诊抢救室、产房、血液病房净化室、烧伤病房、重症监护室、早产儿室、血液透析室、手术室、术前准备室、术后复苏室、麻醉室、心血管造影检查室等场所涉及生命安全的设备及照明用电;大型生化仪器	双重市政电源+柴油发电机+UPS
	重症呼吸道感染区的通风系统	
一级负荷	计算机网络系统;安防系统	双重市政电源+柴油发电机+集中蓄电池电源
	应急照明及疏散指示系统用电、火灾自动报警及联动控制装置等	
	消防水泵、防排烟设施、消防电梯、消防电梯排水泵、变电所、发电机房、电动防火卷帘等	双重市政电源+柴油发电机
	急诊抢救室、产房、血液病房净化室、烧伤病房、重症监护室、早产儿室、血液透析室、手术室、术前准备室、术后复苏室、麻醉室、心血管造影检查室等场所中除一级负荷中特别重要负荷的其他用电设备	
	急诊诊室、急诊观察及处置室、婴儿室、内镜检查室等场所的诊疗设备及照明用电	
	高压氧舱、血库、培养箱、恒温箱;病理科的取材室、制片室、镜检室的用电设备	
	真空泵、负压泵、制氧机、生活水泵、污水处理站、部分客梯、部分医用电梯	

3.2　柴油发电机系统

为了确保医院建筑内的一级负荷中的特别重要负荷及部分一级负荷、消防负荷用电,三级医院应设置应急柴油发电机组,二级医院宜设置应急柴油发电机组。

3.2.1　柴油发电机组的选型

1. 柴油发电机组的分类

按照不同用途分类,柴油发电机组可分为备用发电机组、常用发电机组、战备发电机组和应急发电机组。

针对医院建筑，市政供电的可靠性要求比较高，市政电源正常均能满足，因此一般设置应急发电机组；只有部分市政供电条件受限的项目，需要考虑设置常用或备用发电机组。

目前实际医院建筑工程案例中，应用比较多的是自起动型柴油发电机组。这种类型的柴油发电机组是在基本型机组基础上增加了全自动控制系统。它具有自动切换功能，当市电突然停电时，机组能自动起动、自动切换电源开关、自动调压、自动送电和自动停机等；当机组油压力过低，机组温度过高或冷却水温度过高时，能自动发出声光报警信号；当发电机组超速时，能自动紧急停止运行进行保护。该类机组满足医院建筑对应急柴油发电机的要求，但在设备招标采购时应强调当正常供电电源中断供电时，柴油发电机自动起动，并应在15s内向规定的用电负荷供电，当正常供电电源恢复供电后，应延时切换并停机。

微机控制自动化柴油发电机组比自起动型柴油发电机组有更完善的自动控制系统，包括燃油自动补给装置、冷却水自动补给装置、机油自动补给装置、自动切换开关（ATS）自动控制屏，除了具有自动起动、切换、运行和自动停机等功能外，并配有各种故障报警和自动保护装置。此外，它通过通信接口，与主计算机连接，实现集中监控、遥控、遥信和遥测，做到无人值守。

目前实际医院建筑工程案例中，应用比较多的仍然是基本型柴油发电机组，集装箱式机组在一些条件受限的项目中也有运用。

2. 柴油发电机的额定功率

柴油发电机的额定功率指外界大气压力为 101.325kPa（760mmHg）、环境温度为 20℃、空气相对湿度为 50% 的情况下，能以额定方式连续运行 12h 的功率（包括超负荷 10% 运行 1h）。如连续运行时间超过 12h，则应按 90% 额定功率使用。如气温、气压、湿度与上述规定不同，应对柴油发电机的额定功率进行修正。

3. 柴油发电机组的选择应考虑的因素

1）机组的容量与台数应根据应急负荷大小和投入顺序以及单台电动机最大的起动容量等因素综合考虑确定。

2）在方案及初步设计阶段，可按供电变压器总容量的 10%～20%估算柴油发电机的容量。

3）在施工图阶段可根据负荷组成，按下述方法计算选择其最大者：

① 按稳定负荷计算发电机容量。

② 按最大的单台电动机或成组电动机起动的需要，计算发电机容量。

③ 按起动电动机时，发电机母线容许电压降计算发电机容量。

4）当有电梯负荷时，在全压起动最大容量笼型电动机时，发电机母线电压不应低于额定电压的 80%；当无电梯负荷时，其母线电压不应低于额定电压的 75%，或通过计算确定。为缩小发电机装机容量，当条件允许时，电动机可采用降压起动方式。

5）多台机组并机，应选择型号、规格和特性相同的成套设备，所用燃油性质应一致。为了提高有功功率和无功功率，合理分配精度和运行的稳定性，要求机组中的柴油发电机调速器具有在稳态调速率 2%～5%范围内调节的装置。

6）宜选用高速柴油发电机组和无刷型励磁交流同步发电机，配自动电压调整装置。选用的机组应装设快速自起动及电源自动切换装置。

7）当柴油发电机为消防用电设备、一级负荷中的重要负荷及医院的其余保障负荷供电时，应注意火灾发生时需自动切除非消防重要负荷，这样，负荷的计算容量需根据未发生火灾和发生火灾的情况分别考虑，并以二者最大值作为选取柴油发电机容量的依据。

8）柴油发电机组的单机容量，额定电压为 3～10kV 时不宜超过 2400kW，额定电压为 1kV 以下时不宜超过 1600kW。

3.2.2 柴油发电机应急供电系统的设计要点

为加强医院建筑的供电可靠性，柴油发电机组作为自备应急电源，当市电电源均断电时，柴油发电机投入运行，非消防状态下保证一级负荷中的特别重要负荷及部分一级负荷用电，消防状态下保障消防负荷及部分一级负荷中的特别重要负荷的短时用电。柴油发电机应急供电系统设计要点如下：

1）特别重要负荷，包括一级负荷中消防负荷，宜由独立设置的应急电源母线供电。

2）在非火灾情况下，当非消防重要负荷由柴油发电机组供电时，该负荷宜由单独母线段供电，一旦市电停电，可由发电机组向该段母线供电。当火灾发生时，应将该段母线上不涉及患者生命安全的负荷自动切除，以保证消防负荷的供电。

3）发电机应急电源与正常电源的转换功能性开关在三相四线制系统中宜选用四极开关。

4）应急电源供电系统应在正常电源故障停电后，快速、可靠地起动，保证 15s 内使重要负荷恢复供电，以减少停电造成的损失。

5）应急供电系统应尽量减少保护级数，不宜超过三级。

6）用电量较大或较集中的消防负荷（如消防电梯、消防水泵等），应采用放射式供电；应急照明等分散均匀负荷可采用干线式供电。

以三甲医院为例，非消防状态下柴油发电机供电负荷建议见表3-2-1。

表 3-2-1　非消防状态下柴油发电机供电负荷建议

场所	用电负荷名称	应/宜柴油发电机供电	负荷等级	备注
急诊抢救室	涉及患者生命安全的设备及照明	应	一级负荷中特别重要负荷	
血液病房的净化室	涉及患者生命安全的设备及照明	应	一级负荷中特别重要负荷	
产房	涉及患者生命安全的设备及照明	应	一级负荷中特别重要负荷	
烧伤病房	涉及患者生命安全的设备及照明	应	一级负荷中特别重要负荷	
重症监护室	涉及患者生命安全的设备及照明	应	一级负荷中特别重要负荷	

场所	用电负荷名称	应/宜柴油发电机供电	负荷等级	备注
早产儿室	涉及患者生命安全的设备及照明	应	一级负荷中特别重要负荷	
血液透析室	涉及患者生命安全的设备及照明	应	一级负荷中特别重要负荷	
手术室	涉及患者生命安全的设备及照明	应	一级负荷中特别重要负荷	
术前准备室	涉及患者生命安全的设备及照明	应	一级负荷中特别重要负荷	
麻醉室	涉及患者生命安全的设备及照明	应	一级负荷中特别重要负荷	
心血管造影检查室	涉及患者生命安全的设备及照明	应	一级负荷中特别重要负荷	
大型生化仪器	通风设备	应	一级负荷中特别重要负荷	
重症呼吸道感染区	通风设备	应	一级负荷中特别重要负荷	
检验科	检验设备	宜	一级负荷	
病理科	取材、制片、镜检室、冰冻切片的用电设备	宜	一级负荷	
门诊医技、住院部走道	30%走道照明	宜	一级负荷	
信息机房	照明、信息网络设备	宜	一级负荷	
消防、安防控制室	照明配电设备	宜	一级负荷	
变电所	照明配电设备	宜	一级负荷	
柴油发电机房	照明配电设备	宜	一级负荷	
航空障碍灯	照明设备	应	一级负荷中特别重要负荷	

（续）

场所	用电负荷名称	应/宜柴油发电机供电	负荷等级	备注
真空站	真空吸引泵	宜		传染病医院应设
空气压缩机站	空气压缩机	宜		传染病医院应设
呼吸性传染病区	用电设备（照明、配电、通风、空调）	应		传染病医院
制氧站	制氧机	应		传染病医院
污水处理站	污水处理设备	应		传染病医院
太平间	冰柜	宜		传染病医院应设
垃圾站	医用焚烧炉	宜		传染病医院应设
其他	其他医院需要柴油发电机供电的负荷	宜		院方提出

以一类高层三甲医院为例，消防状态下柴油发电机供电负荷建议见表3-2-2。

表3-2-2 消防状态下柴油发电机供电负荷建议

场所	用电负荷名称	应/宜柴油发电机供电	负荷等级	备注
风机房	消防风机	应	一级负荷	
消防水泵房	消防水泵	应	一级负荷	
火灾时需要疏散、工作的场所	应急照明	应	一级负荷	
消防电梯机房	消防电梯	应	一级负荷	
地下室	消防潜污泵	应	一级负荷	
防火分界处	防火卷帘	应	一级负荷	

场所	用电负荷名称	应/宜柴油发电机供电	负荷等级	备注
消防控制室	照明配电设备	应	一级负荷	
变电所	照明配电设备	应	一级负荷	
柴油发电机房	照明配电设备	应	一级负荷	
手术室	涉及患者生命安全的设备及照明	宜	一级负荷中特别重要负荷	延时后切除
其他火灾时仍然需要救治患者的场所	照明配电设备	宜	一级负荷中特别重要负荷	延时后切除

医院建筑内柴油发电机组作为应急供电系统时，常见的系统架构如图 3-2-1 和图 3-2-2 所示。

图 3-2-1 所示的系统架构，柴油发电机组供电的应急段分为消防负荷段与一级特别重要负荷及部分一级负荷的保障段，将柴油发电机供电的应急段分两个出线，一个出线接至 T1 变压器的一级特别重要负荷及部分一级负荷的保障负荷母线段，另一个出线接至 T2 变压器的消防负荷母线段。平时两路市电失电后，柴油发电机投入运行，向保障负荷母线段供电；火灾发生时，两路市电失电，柴油发电机投入运行，向消防负荷段的消防负荷供电，同时建议也向一级重要负荷里的手术室中涉及患者生命安全的设备及照明供电，为正在进行手术的场所提供紧急处理的应急电源，保障患者生命安全。

图 3-2-2 所示的系统架构，柴油发电机供电的应急段未区分消防负荷段与一级特别重要负荷及部分一级负荷的保障段。在两路市电失电情况下，柴油发电机投入运行，平时情况下向一级重要负荷等保障负荷供电，其余消防负荷出线开关处于断开状态；火灾时，柴油发电机向消防负荷供电，以及手术室涉及患者生命安全的设备及照明短时供电；其他非消防负荷均应切除。

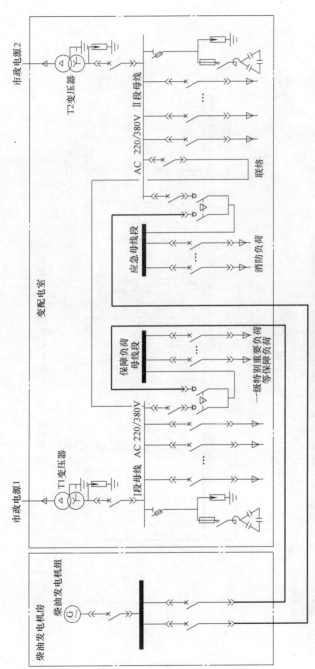

图 3-2-1 柴油发电机组应急供电系统图（一）

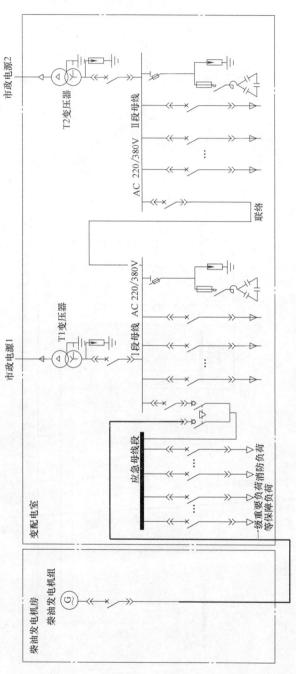

图 3-2-2　柴油发电机组应急供电系统图（二）

3.2.3　柴油发电机组容量的确定

2009 年版《全国民用建筑工程设计技术措施——电气》对柴油发电机组容量的计算给出了较简便的公式：

$$P_e = KK_x P_n / \eta \qquad (3\text{-}2\text{-}1)$$

式中　P_e——发电机组额定功率（kW）；

　　　K——可靠系数，取 $1.1 \sim 1.2$；

　　　K_x——需要系数；

　　　P_n——总设备容量（kW）；

　　　η——并联机组不均匀系数，一般取 0.9，单台时取 1.0。

从式（3-2-1）中可见，柴油发电机组容量计算的关键是计算柴油发电机所带设备的负荷容量，即 $K_x P_n$ 值。

按式（3-2-1）计算完以后，按最大一台电动机起动条件校验发电机组的容量，即

$$P_e \geqslant KP_1 + P \qquad (3\text{-}2\text{-}2)$$

式中　P_e——发电机组额定功率（kW）；

　　　K——发电机组供电负荷中最大一台电动机的最小起动倍数；

　　　P_1——最大一台电动机额定功率（kW）；

　　　P——在最大一台电动机起动之前，发电机已带的负荷（kW）。

计算发生火灾时，柴油发电机供电负荷的计算容量。火灾确认后，首先起动相关部位的消防设备，同时出于安全考虑，可安排所有楼内人员疏散，即整个建筑物均可视为处于消防状态。此时可切除非消防用电设备，但是保安性质用电设备除外，对于医院建筑，手术室涉及患者生命安全场所的用电设备也应除外，此部分用电设备建议延时后切除。计算容量应以消防负荷及上述保障性质负荷的容量为依据。

消防状态下，消防负荷的容量计算是负荷计算中的一大难点。困难之处在于，由于火灾起火的突发性、随机性及火灾本身的蔓延性，设计人员很难准确地计算出火灾过程中消防设备的最大计算容量。对此相关规范并没有特别明确的计算依据，本书做如下分析：

1）应急照明容量。根据规范，火灾时应强制点亮相关区域应急照明，考虑所有楼内人员疏散且是市电失电情况，故可视为此时所有应急照明满负荷工作。

2）消防水泵容量。无论起火点是一处或者多处、是否蔓延，消防水泵容量为定值，也按满负荷考虑。

3）消防类风机容量。发生火灾时，排烟风机及相应的消防补风机按照暖通专业"一次火灾"的设计原则（即同一时间仅有一处发生火灾，且火情仅局限于本防火分区内），这些设备不会同时使用，考虑火灾在防火分区间蔓延的情况，则可将消防风机设备容量按防火分区分别计算，取其自身及相邻防火分区消防风机容量之和最大者作为负荷计算依据。在防火分区较少时，可做简化，直接累加。

柴油发电机容量计算是负荷计算中的一大难点。设计过程中特别需要设计人员根据工程情况做详细分析，得出较准确的负荷计算，并在此基础上合理选择柴油发电机组容量，从而在保证设计可靠性的同时兼顾经济性。

3.2.4 供电电压的选择

目前，我国比较常见的中低压柴油发电机额定输出电压有0.4kV和10kV，而目前国家相关规范未明确不同电压等级的柴油发电机组的应用范围或建筑类型。

1. 中低压柴油发电机组供电系统主接线分析

1）0.4kV柴油发电机与市电组成的供电系统比较常见，接线系统图如图3-2-1、图3-2-2所示；低压柴油发电机组在0.4kV侧与市电进行电源切换，系统接线简单，操作方便，系统可靠性高。

2）10kV柴油发电机与市电组成的供电系统常见的简易接线示意图如图3-2-3、图3-2-4所示。

图3-2-3中，示意图左侧10kV柴油发电机在10kV侧与市电进行电源切换，与市电共用变压器，未设置专用变压器，变电所面积较小，应急系统的变压器平时正常运行，降低应急状态变压器故障，可靠性较高；但系统接线复杂，操作复杂，对维护人员要求高

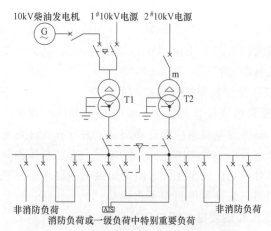

图 3-2-3　10kV 中压柴油发电机组接线示意图（一）

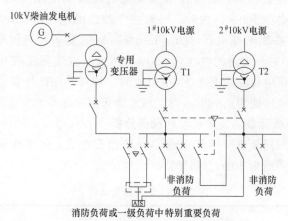

图 3-2-4　10kV 中压柴油发电机组接线示意图（二）

且发电机容量无法满足终端变压器所有负荷，因此发电机投入时需要切除非应急负荷。

　　图 3-2-4 中，示意图左侧 10kV 柴油发电机设置专用变压器，在 0.4kV 侧与市电进行电源切换，系统接线简单，操作方便，电源在 0.4kV 侧切换，发电机投入时无须切除负荷；但是设置专用变压器，变电所面积增大。其次专用变压器平时不用，变压器停运

满 1 个月，在恢复送电前应测量绝缘电阻，合格者方可投入运行；搁置或停运 6 个月以上的变压器，投入前应做绝缘电阻和绝缘油耐压试验。因此，设置专用应急变压器给今后运行维护增加诸多麻烦，应急供电系统的可靠性随之降低。

2. 中低压柴油发电机组起动时间分析

《医疗建筑电气设计规范》（JGJ 312—2013）规定，当市电中断供电时，柴油发电机组应能自动启动，并应在 15s 内向规定的负荷供电。但当采用 10kV 中压柴油发电机，通过变压器降压向负荷供电，操作时间难以满足 15s 内向负荷供电的要求。从机组起动时间来分析，中压柴油发电机组不占优势。

3. 中低压柴油发电机组电压降分析

在大型医院建筑项目设计中，电压降是选择柴油发电机电压等级的一个重要因素。按低压柴油发电机出口端电压 0.4kV 考虑，当供电距离在 300m 以内时，一般主干线路的电压降<10%，可满足供配电系统末端电压 380（1±5%）V 的要求；当供电距离>400m 时，主干线路的电压降>10%。因此，在实际工程中，当柴油发电机供电传输距离在 300m 以内时，均可采用低压柴油发电机组；当供电传输距离>400m 时，可考虑采用中压柴油发电机组。

4. 中低压柴油发电机组初投资分析

对于相同装机容量的 1000kVA 柴油发电机，主干线采用母线槽，供电距离为 300m，估算造价比较见表 3-2-3。

表 3-2-3　估算造价比较

比较项目	初投资费用（万元）	
	0.4kV 低压机组	10kV 中压机组
发电机组	144	276
低压配电装置	16	—
供电线路	260	9
高压配电装置	—	50
合计	420	335

注：不同品牌、不同时期价格存在差异；仅考虑设备的造价。

对于占地面积大的大型医疗综合体建筑，集中设置中压柴油发电机装机容量应该小于分散设置的多个低压柴油发电机组的总装机容量（仅考虑一个起火点情况，根据不同项目具体计算）。从表 3-2-3 可见，主要差价在于供电线路，因此，对于长距离供电方式，采用低压机组的设备初投资费用较高。

5. 其他因素

在实际工程设计中，柴油发电机组的选择除考虑自身专业的要求外，还受到其他相关专业的影响。当受建筑功能影响，无法分散设置低压柴油发电机房时，可考虑集中设置中压柴油发电机。

通过以上分析，中低压柴油发电机综合比较见表 3-2-4。应根据不同的工程特点，通过综合分析比较，确定适合项目特点、满足项目要求的柴油发电机组。

表 3-2-4　中低压柴油发电机综合比较

比较内容	0.4kV 低压机组	10kV 中压机组
可靠性	高	较高
系统接线	简单	复杂
输送距离	不宜超过 300m	可长距离输电
供电质量	供电距离 150m 以内时,高	高
线路损耗	大	小
起动时间	短	长
操作	简单	复杂
管理维护	简单	复杂
运维人员要求	低	高,需要相应的高压操作证
初投资	小容量、短距离使用时具有较大优势,大容量、长距离使用时成本高于中压机组	对于大容量、长距离输配电具有明显优势

3.2.5　柴油发电机房的设计

1. 机房的选址

《建筑设计防火规范》（GB 50016—2014）以及《民用建筑电

气设计标准》（GB 51348—2019）对柴油发电机房的选址有具体的要求。实际设计中必须严格执行，需要电气专业与建筑专业的设计人员在前期方案阶段密切配合，尽量选择合理的变电所及柴油发电机房位置。

一般来说，医疗综合体建筑的柴油发电机房常设置在主体建筑的地下层，但一般不设置在地下三层及以下，乃至最底层，同时靠近变电所，避开人员密集场所，应有通风、防潮、机组的排烟、消声和减振等措施。机房设置在地下层时，建议至少应有一侧靠外墙。热风和排烟管道应引出室外，排烟应采取防止污染大气的措施进行排放，并满足环保要求，要求排烟管引至建筑物最高处进行排放；机房内应有足够的进风口，气流分布应合理。在机房选址时，均应综合考虑上述因素。

2．机房设备布置要求

柴油发电机房的设备主要有柴油发电机组、控制屏和一些辅助系统，有的还有机组操作台、动力配电盘和维护检修设备等。设备的布置原则如下：

1）柴油发电机组及其辅助设备的布置首先应满足设备安装、运行和维修的需要，要有足够的操作间距、检修场地和运输通道。

2）在设备布置时应认真考虑通风、给水排水、供油、排烟以及电缆等各类管线的布置，做到经济合理。

3）布置应符合工艺流程的要求，注意消声、隔振、通风和散热，并应设置保证照明和消防的设施。

3．机组布置应满足的要求

1）机组宜横向布置，当受建筑场地限制时，也可纵向布置。

2）机房与控制室及配电室毗邻布置时，发电机出线端及电缆沟宜布置在靠控制室及配电室侧。

3）机组之间、机组外廓至墙的距离应满足搬运设备、就地操作、维护检修或布置辅助设备的需要，机房内有关尺寸和机组布置图的规定参见《民用建筑电气设计标准》（GB 51348—2019）。

4．控制室的电气设备布置

1）控制室的位置应便于观察、操作和调度，通风、采光应良好，进出线应方便。

2）控制室内不应安装无关设备，控制或配电屏（台）上方不得设置水管、油管等。

3）当控制室的长度大于 7m 时，应有两个出口，出口宜在控制室两端，门应向外开。

4）控制室内的控制屏（台）的安装距离和通道宽度，应符合下列规定：

① 控制屏正面的操作通道宽度，单列位置不宜小于 1.5m；双列布置不宜小于 2m；离墙安装时，屏后维护通道不宜小于 0.8m。

② 当不需设控制室时，控制屏和配电屏宜布置在发电机端或发电机侧，屏前距发电机端不宜小于 2m；屏前距发电机侧不宜小于 1.5m。

下面以单台及双台 1000kW 的机组为例，机房布置示意图如图 3-2-5~图 3-2-7 所示。

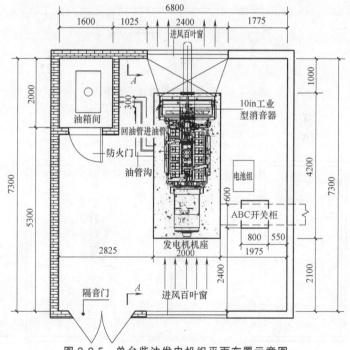

图 3-2-5 单台柴油发电机组平面布置示意图

注：1in = 25.4mm。

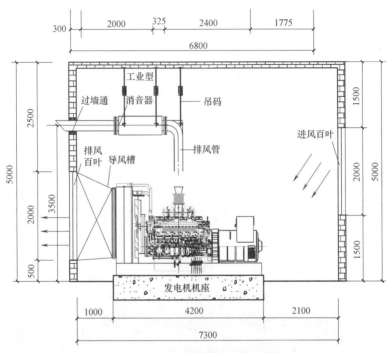

图 3-2-6　柴油发电机组立面示意图

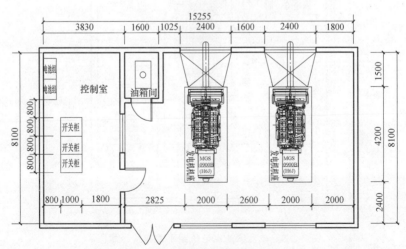

图 3-2-7　双台柴油发电机组平面布置示意图

5. 柴油发电机房的电气系统设计

（1）机房动力、照明系统

为保证机房内的照明、通风等需求，机房内为一个独立的照明和通风系统，设置专用配电箱，电源应引自消防电源，进线开关应为市电与应急电源的双电源切换开关。机房各房间的照度符合表 3-2-5 规定。

表 3-2-5　机房各房间的照度

房间名称	照度标准值/lx	照度规定的平面
发电机间	200	地面
控制与配电室	300	距地面 0.75m
值班室	300	距地面 0.75m
储油间	100	地面
检修间(检修场地)	200	地面

发电机间、控制及配电室应设应急照明，持续供电时间不应小于 3h，同时还需设置疏散照明和疏散指示标志。机房内的进、排风机配电，引自机房内的专用配电箱。

（2）地下层的柴油发电机组

其控制屏、配电屏及其他电器设备均应选择防潮或防霉型产品。

（3）机房火灾自动报警系统及通信要求

设置在高层建筑内的柴油发电机房，应设置火灾自动报警系统，除高层建筑外，火灾自动报警系统保护对象分级为一级和二级建筑物内的柴油发电机房，应设置火灾自动报警系统和移动式或固定式灭火装置，且机房内选用感温探测器，并接入主楼火灾自动报警系统。

控制室或值班室应设置消防专用电话分机，并应固定安装在明显且便于使用的部位，区别于普通电话标志。

6. 发电机组的控制要求

为保证设备的正常运行，首先必须保证设备的正常供电，柴油发电机组的自动控制系统可以实现以下功能：柴油发电机组和市电之间必须有防止并列运行的措施，当市电恢复时，机组应自动退出工作，并延时停机。

考虑到柴油发电机投入运行后，电网有时会有不正常短暂供电的情况出现，为避免设备供电的频繁切换，在此状态下，如果电网恢复正常，则延时几秒后才切换至电网运行状态，然后再延时几分钟，才停止柴油发电机运行。这样就能保证只有在电网确实已恢复正常后，才切换至电网供电，同时也避免柴油发电机的频繁起动。

7. 柴油发电机房的防雷、接地要求

1）当发电机房附设在主体建筑物内或地下室时，防雷类别应与主体建筑相同；发电机组外壳必须有可靠的保护接地，对需要有中性点直接接地的发电机，则必须由专业人员进行中性接地，并配置防雷装置，严禁利用市电的接地装置进行中性点直接接地。

地上或管沟内敷设的输油管线的始端、末端、分支处以及直线段每隔 200~300m 处，应设置防静电和防感应雷的接地装置。接地电阻不宜大于 30Ω，接地点宜设在固定管支墩处。

2）发电机中性点接地应符合下列要求：只有单台机组时，发电机中性点应直接接地，机组的接地形式宜与低压配电系统接地形式一致；当两台机组并列运行时，机组的中性点应经刀开关接地；当两台机组的中性导体存在环流时，应只将其中一台发电机的中性点接地。

3）发电机房下列外露可导电金属部分应做等电位联结：

① 应急发电机组的底座。

② 日用油箱支架。

③ 金属管道（如水管、采暖管、输油管、通风管等）。

④ 钢结构建筑的钢柱。

⑤ 钢门（窗）框、百叶窗、有色金属框架等。

⑥ 墙上固定消声材料的金属固定框架。

⑦ 配电系统的 PE（或 PEN）线。

⑧ 机房内电气系统的下列外露可导电部分应与 PE（PEN）线可靠性连接。

⑨ 发电机的外壳。

⑩ 电气控制箱（屏、台）壳体。

⑪ 电缆桥架、敷线钢管、固定电器的支架等。

8. 机组的噪声控制要求

发电机组的噪声主要分为排烟噪声、机械噪声和机组振动噪声三部分，针对三部分的噪声进行环保降噪治理。通过隔振、吸声、消声及隔声等措施，使机组对环境的噪声影响降至相关环保法规允许的范围内。

9. 机房的储油间设置要求

设置在民用建筑内的柴油发电机房，机房内设置储油间时，其总储存量不应大于 $1m^3$，储油间应采用耐火极限不低于 3h 的防火隔墙与发电机间分隔；确需在防火隔墙上开门时，应设置甲级防火门。

储油间内的日用燃油箱宜高位布置，出油口宜高于柴油发电机的高压射油泵；卸油泵和供油泵可共用，应装电动泵和手动泵各 1 台，其流量按最大卸油量或供油量确定；高层建筑内，柴油发电机房储油间的围护构件的耐火极限不低于二级耐火等级建筑的相应要求，开向发电机房的门应采用自行关闭的甲级防火门。

《医疗建筑电气设计规范》（JGJ 312—2013）内规定，三级医院柴油发电机的供油时间应大于 24h，二级医院柴油发电机的供油时间宜大于 12h，二级以下医院宜大于 3h。为满足上述要求，设计时可按建筑物的实际情况通过以下方案解决储油问题：

1）可按规模、功能要求、供电半径等分开设置多处柴油发电机房，如大型医疗综合体等项目。

2）设置室外储油罐，当总容量不大于 $15m^3$，且直埋于建筑附近、面向油罐一面 4m 范围内的建筑外墙为防火墙时，储罐与建筑的防火间距不限。

3）储油间的储存量满足消防用电设备工作 3h，建筑物附近有加油站等设施，燃油来源可靠且运输方便时，可考虑预留供油接驳口。

方案 2、3 还应特别注意，从室外引入室内的油管严禁穿过防火墙。

10. 与各专业配合问题

1) 与建筑专业配合时, 应提出机房面积、层高, 位置要求, 预留运输通道。机房面积在 $50m^2$ 及以下时宜设置不少于一个出入口, 在 $50m^2$ 以上时宜设置不少于两个出入口, 其中一个出口的大小应满足搬运机组的需要, 否则机房内应预留吊装孔; 门应为甲级防火门, 并应采取隔声措施, 向外开启。当发电机组单机容量大于 1000W 或总容量大于 1200kW 时, 宜设置控制室及配电室, 此时发电机间与控制室、配电室之间的门和观察窗应采取防火、隔声措施, 门应为甲级防火门, 并应开向发电机间。

2) 在与结构专业配合时, 要将机组尺寸与保证机组正常运行的附属设施的总荷载提供给结构专业, 以便结构专业对机房及机组运输通道的承重能力做出复核或处理, 为以后的机组安装和运行提供可靠支持。机组如设置在楼板上, 楼板承重应能满足机组静荷载和运行时的动荷载; 机组静荷载为机组的湿重 (湿重包括机组各构件、机油和冷却液), 机组运行时的动荷载为机组湿重的1.8 倍。

3) 与暖通专业配合时, 要将机组正常运行需求的进风量、排风量及排烟量准确地提供给暖通专业。对机房的设计来说, 机组的冷却和通风非常重要。

机组排烟管宜架空敷设, 也可敷设在地沟中。在设计之初, 应考虑好排烟管的敷设方式, 并预留好空间。机房各房间温湿度要求宜符合表 3-2-6 的规定。

表 3-2-6　机房各房间温湿度要求

房间名称	冬季		夏季	
	温度/℃	相对湿度 (%)	温度/℃	相对湿度 (%)
机房 (就地操作)	15~30	30~60	30~35	40~75
机房 (隔室操作、自动化)	5~30	30~60	32~37	≤75
控制及配电室	16~18	≤75	28~30	≤75
值班室	16~20	≤75	≤28	≤75

柴油发电机房进排风口面积估算见表3-2-7（自然通风条件下）。

表3-2-7　柴油发电机房进排风口面积估算

机组输出功率/kW	进风量/(m³/min)	进风口面积/m²	排风口面积/m²	排烟量/(m³/min)	排烟管口数量×直径(DN)
120	160~180	0.8~1.3	0.6~1.0	30	1×80
250	450~650	1.7~2.2	1.4~1.6	54	1×125/1×150
400	600~700	2.2~2.5	1.7~2.0	80~100	1×150/2×125
800	1300~1450	4.4~4.8	3.3~3.8	180~200	2×150/2×200
1000	1400~2200	4.7~7.6	4.0~5.8	200~250	2×200/2×250
1200	1400~2200	4.7~7.6	4.0~5.8	250~300	2×200/2×250
1500	1700~2500	6.0~8.0	5.0~5.8	300~400	2×200/2×250
2000	3000~3200	11.0~12.0	8.2~9.2	450~500	2×200/2×250

注：1. 使用了百叶窗的进风口或排风口需再扩大1倍面积。

2. 所有尺寸仅作为参考，不同供应商配置的柴油发电机组的电动机与发电机不同，会对表内数据产生较大影响，详细数据应以工程所选定的柴油发电机组为准进行校核。

4）与给水排水专业配合时，提供机组的位置平面图，以便给水排水专业复核，设置与柴油发电机组容量和建筑规模相适应的灭火设施。且根据柴油发电机组冷却方式的需要，如水冷机组，则需配置相应的冷却塔、循环水泵等设备。

5）与动力专业配合时，应提供机组运行时间、机组单位时间内额定功率下的燃油消耗量；由动力专业完成柴油发电机组燃油储备、输送等的相关设计。

6）柴油发电机房土建条件图示例

设计阶段，与建筑结构专业配合，可参考土建条件图（见图3-2-8）提供资料，基础及机房尺寸根据具体项目柴油发电机的选型最终确定。

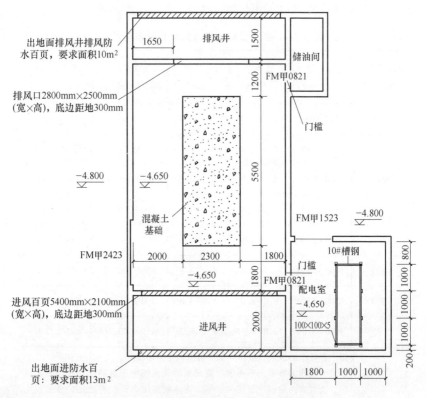

图 3-2-8　柴油发电机房土建条件图示例

3.3　不间断电源（UPS）系统

3.3.1　UPS 的基本原理及分类

　　UPS 是不间断电源的简称，在市电断电或发电机故障时，不间断地为用电设备提供交流电能的一种能量转换装置，主要包括以下几部分：主路、旁路、电池等电源输入电路，进行 AC/DC 变换的整流器，进行 DC/AC 变换的逆变器，逆变和旁路输出切换电路以及蓄电池等，其工作原理如图 3-3-1 所示。

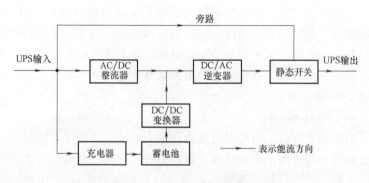

图 3-3-1　UPS 工作原理框图

1. UPS 的分类

UPS 有多种分类方法，按频率可分为工频机和高频机；按工作方式可分为后备式、在线式和在线交互式；按安装方式可分为塔式和机架式；按供电体系可分为单相输入单相输出、三相输入单相输出和三相输入三相输出等。

（1）工频 UPS

工频 UPS 是指输入、输出为工频 50Hz，且具有输出变压器的 UPS。

（2）高频 UPS

高频 UPS 的工作频率高于 20kHz。

工频 UPS 与高频 UPS 的优缺点比较如下：工频 UPS 是按照模拟电路原理进行设计的，机器内部的电力器件都比较大，整机体积大，所需安装空间大，其优点是在恶劣电网及环境条件下耐抗、环境能力较强、可靠性及稳定性高、带较大负荷运行时噪声较小；高频 UPS 的控制中心采用微处理器，把复杂的硬件模拟电路预制于微处理器中，同时配合软件程序的方式来控制 UPS 的运行，所以，高频 UPS 的优点是体积小、重量轻、制造成本低、售价较低，其缺点是在恶劣电网及环境条件下设备的耐受能力差，对环境依赖度高，适用于电网比较稳定、灰尘较少、温湿度合适的环境。

（3）后备式 UPS

在市电正常时，由市电通过简单稳压滤波输出供给用电设备，蓄电池处于充电状态。当停电时，逆变器工作，将电池提供的直流电转变为稳定的交流电输出给用电设备。由于平时市电正常时，逆变器是不工作的，只有在市电停电蓄电池放电时才开始工作，所以这种 UPS 被称为后备式 UPS。

（4）在线式 UPS

当市电正常时，市电经过整流和逆变后给负荷供电，同时给蓄电池充电；当市电出现异常或整流器出现故障时，蓄电池向逆变器提供电能，逆变后给负荷供电；当逆变器出现故障或 UPS 进行维修、维护时，UPS 工作在旁路状态，此时市电直接给负荷供电。在市电旁路时，必须保证逆变器的输出电压与市电保持相同相位。

（5）在线交互式 UPS

在市电正常时，直接由市电向负荷供电，当市电偏低或偏高时，通过 UPS 内部稳压线路稳压后输出，当市电异常或停电时，通过转换开关转为电池逆变供电。在市电正常时，UPS 供给负荷改良了的市电。

2. UPS 系统常用供电方案

常见的 UPS 系统供电方案有 4 种：单机供电方案、串联热备份供电方案、并机供电方案、双母线供电方案。

（1）单机供电方案（见图 3-3-2）

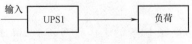

图 3-3-2　单机供电方案

系统仅由一台 UPS 主机和电池系统组成，优点是系统简单、经济性好；缺点是不能解决由于 UPS 自身故障所带来的负荷断电问题，供电可靠性较低。为提高系统供电的可靠性，可设置旁路开关解决 UPS 故障时系统的供电。

（2）串联热备份供电方案（见图 3-3-3）

由两台或多台 UPS 通过一

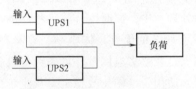

图 3-3-3　串联热备份供电方案

定的拓扑结构连接在一起，实现主、备 UPS 切换工作的供电系统，该系统在主用 UPS 正常时，由主用 UPS 承担全部负荷，备用 UPS 始终处于空负荷备用状态，即热备份；当主用 UPS 故障时，系统切换到备用 UPS，由备机承担全部负荷。此方案与单机供电方案比，可以解决由于 UPS 自身故障所引发的供电中断问题；但是至少需要增加一台 UPS 作为备用，主、备 UPS 的切换有一定的供电转换时间。串联热备份方案相对来说也比较简单，在并机技术方案成熟以前，其也被广泛应用，提高单机 UPS 的可靠性。

（3）并机供电方案（见图 3-3-4）

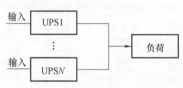

图 3-3-4　并机供电方案

由多台相同厂家、相同型号、相同功率的 UPS，在输出端并联在一起构成的 UPS 系统。并机系统内所有的 UPS 输出的电压、频率、相位必须实现严格的同步，各台 UPS 均分负荷；当其中任意一台 UPS 故障时，该台 UPS 从并机系统中自动脱离，其余的 UPS 继续保持同步运行并重新均分全部负荷。

（4）双母线供电方案（见图 3-3-5）

以两套独立的 UPS 构成的 $2N$ 系统为双电源负荷或通过静态转换开关（STS）为单电源负荷供

图 3-3-5　双母线供电方案

电。与单机、热备份和并机方案等单系统供电方案相比，双母线供电方案的优点是可以在一条母线完全故障或检修的情况下，无间断地继续保证负荷的正常供电，提高供电可靠性；缺点是需要两套 UPS 系统，电源系统的投资成本成倍增加。

3.3.2　UPS 在医院建筑中的应用

医院建筑内对于供电恢复时间小于 $0.5\mathrm{s}$ 的场所应设置 UPS 保障这些场所供电的连续性，这些场所相互独立运行，因此宜采用分散式的 UPS 供电方式，在各场所的负荷中心分别部署 UPS 电源。其优势是：各场所 UPS 电源单独配置，互不影响，故障不扩散，提高供电的可靠性；可以针对各场所的应用特点，采用不同的 UPS 配置方案，重要的核心场所采用高可靠性的配置方案，普通场所采用经济性配置方案；根据负荷特性的不同，选择有针对性的 UPS 架构，使 UPS 与负荷可以更好地配合工作。表 3-3-1 为主要医疗场所 UPS 的配置方案。

表 3-3-1　主要医疗场所 UPS 的配置方案

序号	场所	UPS			
		频率	工作方式	供电方案	后备时间
1	急诊抢救室	工频	在线式	单机供电	15min
2	重症监护室	工频	在线式	单机供电	15min
3	手术室	工频	在线式	单机供电	30min
4	心血管造影检查室	工频	在线式	单机供电	30min
5	血液病房	工频	在线式	单机供电	15min
6	烧伤病房	工频	在线式	单机供电	15min
7	产房	工频	在线式	单机供电	15min
8	血液透析室	工频	在线式	单机供电	15min
9	术前准备室	工频	在线式	单机供电	15min
10	术后复苏室	工频	在线式	单机供电	15min
11	麻醉室	工频	在线式	单机供电	15min
12	生殖中心	工频	在线式	单机供电	15min
13	检验科	高频	在线式	单机供电	15min
14	病理科	高频	在线式	单机供电	15min
15	输血科	高频	在线式	单机供电	15min
16	信息中心	高频	在线式	并机供电或双母线供电	15min
17	汇聚机房	高频	在线式	并机供电	15min
18	弱电竖井	高频	在线式	并机供电	15min
19	安防控制室	高频	在线式	并机供电	15min

3.3.3 UPS机房设计

由于医院建筑内的UPS采用分散设置的方式供电，UPS机房较多，面积也较小，分散在各楼层，设计中很容易忽略机房的环境温度及荷载，引发安全问题。

1）医院建筑内UPS机房一般都兼作电池室及配电室，机房门为防火门，与走廊等环境场所隔绝密封较好，应设置空调或通风系统，防止房间内产生的热量不能散发出去，温度过高会引起UPS故障，轻则不能正常工作，重则发生火灾等重大事故。

2）给结构专业提供荷载资料，防止机房楼板不能满足UPS承重要求。UPS机房对各专业的要求见表3-3-2。

表3-3-2　UPS机房对各专业的要求

房间	环境温度/℃	地面均布活荷载/(kN/m²)	净高/m	地面材料	墙面、顶棚	门	窗
UPS机房	20~30	16	2.5	防尘、防滑地面	饰材不起灰	防火门	良好防尘

3.3.4 UPS监控管理系统

医院建筑内的UPS采用分散设置形式，分布于医院的各楼层，日常的运行维护较烦琐。为了提高运行维护的效率，保证UPS主机及电池的稳定运行，应设置UPS监控管理系统对UPS主机及电池组进行集中的监控管理；监控管理系统由监控管理主机及软件、UPS通信接口、电池监控处理单元、电池监控采集单元等构成，如图3-3-6所示。系统应具备如下功能：

1）实时监测UPS主机的输入电压、旁路输入电压、输出电压、输出电流、负荷功率、充放电电压、充放电电流等各项运行数据。

2）实时监测各个单体蓄电池的电压、内阻、温度，以及电池组电压、充/放电电流，并能对电池组电压、单体蓄电池电压、单体蓄电池内阻、温度等设定上、下限极值。

3）当 UPS 主机出现报警、蓄电池参数超出设定的上下限时，在监控计算机的监控界面上实时以报警窗口的形式提示，同时实时发出声音报警，提醒值班人员及时介入和处理，并存储告警信息供以后查询分析。

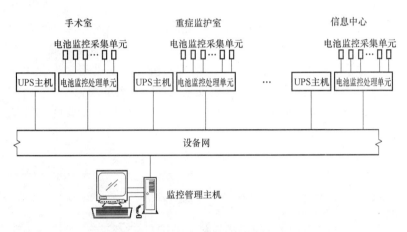

图 3-3-6　UPS 监控管理系统示意图

第4章 电力配电系统

4.1 概述

医院建筑通常功能复杂、科室众多，其用电设备除空调、水泵、电梯等常规建筑机电设备之外，还涉及手术室、ICU、大型诊疗设备、中心供应、急诊部、检验科、病理科、实验室、血液透析室等医院建筑特有的医疗工艺用电设备，本章重点讲述医院建筑特有用电设备的配电系统设计。

医院的医疗场所根据电气安全防护的要求，划分为 0 类、1 类、2 类，同时医疗场所及设备对自动恢复供电时间有明确的要求，医院建筑的电力系统设计应结合医疗场所类别、自动恢复供电时间、负荷等级等因素，综合考虑、合理规划。

4.1.1 医疗场所分类

医疗场所应根据对电气安全防护的要求分为下列三类：

0 类：不使用医疗电气设备接触部件的医疗场所。

1 类：医疗电气设备接触部件需要与患者体表、体内（除 2 类医疗场所所述部位外）接触的医疗场所。

2 类：医疗电气设备接触部件需要与患者体内接触、手术室以及电源中断或故障后将危及患者生命的医疗场所。

4.1.2 医疗场所要求自动恢复供电时间

医疗场所的用电设备在工作电源中断或供电电压骤降10%及以上且持续时间超过3s时，备用电源应按表4-1-1规定的切换时间投入。医疗场所及设施的类别划分与要求自动恢复供电时间，见表4-1-1。

表 4-1-1　医疗场所及设施的类别划分及要求自动恢复供电时间

部门	医疗场所及设备	场所类别			自动恢复供电时间 t		
		0	1	2	$t \leqslant 0.5s$	$0.5s < t \leqslant 15s$	$t > 15s$
门诊部	门诊诊室	√					
	门诊治疗室		√				√
急诊部	急诊诊室	√				√	
	急诊抢救室			√	√a	√	
	急诊观察室、处置室		√			√	
住院部	病房		√				√
	血液病房的净化室、产房、烧伤病房		√		√a		
	早产儿监护室			√	√a		
	婴儿室		√			√	
	重症监护室			√	√a		
	血液透析室		√			√	
手术部	手术室			√	√a		
	术前准备室、术后恢复室、麻醉室		√		√a		
	护士站、麻醉师办公室、石膏室、冰冻切片室、敷料制作室、消毒敷料室	√				√	
功能检查	肺功能检查室、电生理检查室、超声检查室		√			√	
内窥镜	内窥镜检查室		√b			√b	
泌尿科	泌尿科治疗室		√b			√b	

(续)

部门	医疗场所及设备	场所类别			自动恢复供电时间 t		
		0	1	2	$t\leq0.5s$	$0.5s<t\leq15s$	$t>15s$
影像科	DR 诊断室、CR 诊断室、CT 诊断室		√			√	
	导管介入室		√			√	
	心血管造影检查室			√	√a	√	
	MRI 扫描室		√			√	
放射治疗	后装、钴 60、直线加速器、γ 刀、深部 X 线治疗		√			√	
理疗科	物理治疗室		√				√
	水疗室		√				√
	按摩室	√					√
检验科	大型生化仪器	√			√		
	一般仪器	√				√	
核医学	ECT 扫描室、PET 扫描室、γ 像机、服药、注射		√			√a	
	试剂培制、储源室、分装室、功能测试室、实验室、计量室	√				√	
高压氧	高压氧舱		√				
输血科	贮血	√				√	
	配血、发血	√					√
病理科	取材室、制片室、镜检室	√				√	
	病理解剖	√					√
药剂科	贵重药品冷库	√					√c
保障系统	医用气体供应系统	√				√	
	消防电梯、排烟系统、中央监控系统、火灾警报以及灭火系统	√				√	
	中心(消毒)供应室、空气净化机组	√					√
	太平柜、焚烧炉、锅炉房	√					√c

注:a 为照明及生命支持电气设备;b 为不作为手术室;c 为需持续 3~24h 提供电力。

精神专科医院建筑的医疗场所分类及恢复供电时间见表 4-1-2。

表 4-1-2　精神专科医院建筑的医疗场所分类及恢复供电时间表

部门	医疗场所及设备	场所类别			自动恢复供电时间 t		
		0	1	2	$t \leqslant 0.5s$	$0.5s < t \leqslant 15s$	$t > 15s$
住院部	隔离室	—	√	—	—	√	—
医技部	电抽搐治疗室	—	√	—	—	√	—
	光疗室	—	√	—	—	√	—
康复治疗科	作业疗法、音乐疗法、职业疗法	√	—	—	—	—	√

4.1.3　医疗场所负荷分级

1.《医疗建筑电气设计规范》（JGJ 312—2013）

《医疗建筑电气设计规范》（JGJ 312—2013）对医院建筑的用电负荷分级做出了明确的规定。

根据负荷供电可靠性要求及中断供电对生命安全、人身安全、经济损失等所造成的影响程度，医院建筑用电负荷分级见表 4-1-3。

表 4-1-3　医院建筑用电负荷分级

医院建筑名称	用电负荷名称	负荷等级
二、三级医院	急诊抢救室、血液病房的净化室、产房、烧伤病房、重症监护室、早产儿室、血液透析室、手术室、术前准备室、术后复苏室、麻醉室、心血管造影检查室等场所中涉及患者生命安全的设备及其照明用电 大型生化仪器、重症呼吸道感染区的通风系统	一级负荷中特别重要的负荷

医院建筑名称	用电负荷名称	负荷等级
二、三级医院	急诊抢救室、血液病房的净化室、产房、烧伤病房、重症监护室、早产儿室、血液透析室、手术室、术前准备室、术后复苏室、麻醉室、心血管造影检查室等场所中除一级负荷中特别重要负荷的其他用电设备 下列场所的诊疗设备及照明用电：急诊诊室、急诊观察室及处置室、婴儿室、内镜检查室、影像科、放射治疗室、核医学室等 高压氧舱、血库、培养箱、恒温箱 病理科的取材室、制片室、镜检室的用电设备 计算机网络系统用电 门诊部、医技部及住院部30%走道照明 配电室照明用电	一级
二、三级医院	电子显微镜、影像科诊断用电设备 肢体伤残康复病房照明用电 中心（消毒）供应室、空气净化机组 贵重药品冷库、太平柜 客梯、生活水泵、采暖锅炉及换热站等用电负荷	二级
一级医院	急诊室	
一、二、三级医院	一、二级负荷以外的其他负荷	三级

医用气体供应系统中的真空泵、压缩机、制氧机等设备负荷等级及其控制与报警系统负荷等级应为一级。医学实验用动物屏蔽环境的照明及其净化空调系统负荷等级不应低于二级。

2. 相关规范

《民用建筑电气设计标准》（GB 51348—2019）、《传染病医院建筑设计规范》（GB 50849—2014）等相关规范中的负荷分级及对电源的要求，整理于表4-1-4。

表 4-1-4 相关规范对负荷分级及电源的要求

规范名称	建筑物名称	用电负荷名称/电源要求	负荷级别
《民用建筑电气设计标准》（GB 51348—2019）	一类高层民用建筑	消防用电；值班照明；警卫照明；障碍照明用电；主要业务和计算机系统用电；安防系统用电；电子信息设备机房用电；客梯用电；排水泵；生活水泵用电	一级
		主要通道及楼梯间照明用电	二级
	二类高层民用建筑	消防用电，主要通道及楼梯间照明用电；客梯用电；排水泵；生活水泵用电	二级
	建筑高度大于 150m 的超高层公共建筑	消防用电	一级*
《传染病医院建筑设计规范》（GB 50849—2014）		传染病医院的下列部门及设备除应设计双路电源外，还应自备应急电源： 1）手术室、抢救室、急诊处置及观察室、产房、婴儿室 2）重症监护病房、呼吸性传染病房（区）、血液透析室 3）医用培养箱、恒温（冰）箱，重要的病理分析和检验化验设备 4）真空吸引、压缩机，制氧机 5）消防系统设备 6）其他必须持续供电的设备或场所	
		污水处理设备、医用焚烧炉、太平间冰柜、中心供应等用电负荷应采用双电源供电；有条件时，其中一路电源宜引自应急电源	
		大型放射或放疗设备等电源系统及配线应满足设备对电源内阻的要求，并采用专用回路供电	
《精神专科医院建筑设计规范》（GB 51058—2014）		1）精神专科医院建筑的医疗场所配电系统设计，应便于电源从主电网自动切换到应急电源系统 2）精神专科医院建筑应设置应急电源系统。应急电源可根据建筑的规模，采用集中式或分散式	

（续）

规范名称	建筑物名称	用电负荷名称/电源要求	负荷级别
《疾病预防控制中心建筑技术规范》（GB 50881—2013）		1）三级及以上生物安全实验室用电 2）有大型仪器设备、具有洁净要求的实验室用电 3）保障三级及以上生物安全实验室、百级洁净室工作环境的用电 4）重要冷库用电 5）数据网络中心、通信中心、应急处理中心等场所的用电；上述用电场所的备用照明、疏散指示照明等	一级
		1）数据网络中心、通信中心、应急处理中心的用电 2）必须连续运行的大型仪器设备的用电	一级*
		1）应急办公室用电 2）除一级负荷外的其他实验室用电 3）危险化学药品库房、菌（毒）种室、毒害性物品库房、易燃易爆物品库房、应急物资储备库房、中心供应站等照明用电 4）除一级负荷外的保障实验室工作环境的用电	二级
《生物安全实验室建筑技术规范》（GB 50346—2011）		1）生物安全实验室应保证用电的可靠性。二级生物安全实验室的用电负荷不宜低于二级 2）BSL-3 实验室和 ABSL-3 中的 a 类和 b1 类实验室应按一级负荷供电，当按一级负荷供电有困难时，应采用一个独立供电电源，且特别重要负荷应设置应急电源；应急电源采用不间断电源的方式时，不间断电源的供电时间不应小于 30min；应急电源采用不间断电源加自备发电机的方式时，不间断电源应能确保自备发电设备起动前的电力供应 3）ABSL-3 中的 b2 类实验室和四级生物安全实验室必须按一级负荷供电，特别重要负荷应同时设置不间断电源和自备发电设备作为应急电源，不间断电源应能确保自备发电设备起动前的电力供应	

第4章 电力配电系统

077

（续）

规范名称	建筑物名称	用电负荷名称/电源要求	负荷级别
《人民防空医疗救护工程设计标准》（RFJ 005—2011）	中心医院急救医院救护站	基本通信设备、应急通信设备 通信电源配电箱 防化设备、防化电源配电插座箱 柴油发电站配套的附属设备 三种通风方式信号装置系统 主要医疗救护房间（手术室、放射科）内的设备和照明 手术室空调设备 应急照明	一级
	中心医院急救医院救护站	重要的风机、水泵 辅助医疗救护房间内的设备和照明 洗消及医疗用的电加热淋浴器 医疗救护房间（除手术室外）的空调、电热设备 电动密闭阀门 一般医疗救护、设备房间插座	二级
		不属于一级和二级负荷的其他负荷	三级

注：1. "一级 *"为一级负荷中特别重要的负荷。

2. 现行国家有关标准、规范之间如有不一致处，应按较高标准执行。

3. 医疗器械分类

医院医疗器械按功能分类可大致分为诊断性设备、诊疗性设备两大类，见表 4-1-5。

表 4-1-5　医疗器械按功能分类

类别	设 备
诊断性设备	物理诊断器具（体温计、血压表、显微镜、测听计、各种生理记录仪等）、影像类（X 光机、CT 扫描、磁共振、B 超等）、分析仪器（各种类型的计数仪、生化、免疫分析仪器等）、电生理类（如心电图机、脑电图机、肌电图机等）等
诊疗性设备	普通手术器械、光导手术器械（纤维内窥镜、激光治疗机等）、辅助手术器械（如各种麻醉机、呼吸机、体外循环等）、放射治疗机械（如深部 X 光治疗机、钴 60 治疗机、加速器、γ 刀、各种同位素治疗器等）、其他类：微波、高压氧等

4.1.4 医疗场所供电措施

不同负荷等级的分级供电措施如下：

1）一级负荷中特别重要的负荷：除双重电源供电外，尚应增设应急电源供电。

2）一级负荷：应有双重电源的两个低压回路在末端配电箱处切换供电，另有规定者除外。

3）二级负荷：宜双回路供电。当建筑物由双重电源供电，且两台变压器低压侧设有母联开关时，可由任一段低压母线单回路供电。

4）三级负荷：可采用单回路单电源供电。

配电系统应简单可靠，尽量减少配电级数，且分级明确。一、二级负荷配电级数不宜多于二级，三级负荷配电级数不宜多于三级。

配电系统的保护电器，应根据配电系统的可靠性和管理要求设置，各级保护电器之间的选择性配合，应满足供电系统可靠性的要求。

医院建筑的供电系统方案需同时满足负荷等级及恢复供电时间的要求，另外从医院运营管理及人性化角度考虑，建议将部分一级负荷（内镜室、检验科、病理科、输血科、高压氧舱、生活水泵、污水处理站、衰变池、真空泵、部分病床电梯等）纳入柴油发电机组供电。

根据用电负荷的负荷等级、要求自动恢复供电时间以及人性化角度考虑，建议供电措施见表4-1-6。

表 4-1-6　医院建筑供电措施

供电措施	场　　所	负荷等级	备　　注
两路电源+柴油发电机+UPS	急诊抢救室	一级负荷中特别重要负荷	涉及患者生命安全的设备及照明
	血液病房的净化室		
	产房		
	烧伤病房		

供电措施	场　　所	负荷等级	备　　注
两路电源+柴油发电机+UPS	重症监护室	一级负荷中特别重要负荷	涉及患者生命安全的设备及照明
	早产儿室		
	手术室		
	术前准备室		
	术后复苏室		
	麻醉室		
	心血管造影室(不含造影机)		
	血液透析室(通常透析机自带 UPS)		
	检验科(大型生化仪器)		$t \leqslant 0.5\text{s}$
	检验科(一般仪器)	一级负荷	$0.5\text{s} < t \leqslant 15\text{s}$,宜
	病理科		宜
	输血科		宜
两路电源+柴油发电机	重症呼吸道感染区的通风系统	一级负荷中的特别重要负荷	
	呼吸性传染病房（区）		传染病医院
	航空障碍灯		按主体建筑最高用电负荷等级供电
	急诊部	一级负荷	除一级负荷中特别重要负荷的其他用电设备
	手术部		
	内镜室		
	高压氧舱		宜
	生活水泵		宜
	污水处理站		针对一类高层,宜
	衰变池		宜
	正负压机房(真空吸引泵、压缩机)		宜
	医技楼及病房楼部分病床电梯		宜,传染病医院应
	门诊部、医技部及住院部30%的走道照明		宜
	超声检查、血库、药房等场所备用照明		宜

供电措施	场　所	负荷等级	备　注
两路电源	影像科：MRI主机及冷水机组、治疗用CT机等	一级负荷	
	放射治疗科：直线加速器、回旋加速器、中子治疗机、质子治疗机等主机及冷水机组、治疗用X光机、后装机等		
	核医学科：PET、SPECT、PET-CT、PET-MR、回旋加速器等		
	电梯		针对一类高层
	净化空调	二级负荷	
单路电源放射式	影像科诊断设备：CT机、DR、X光机	二级负荷	针对建筑物由双重电源供电，且低压设有母联时
	中心供应		
	贵重药品冷库		
	太平柜		
	锅炉房		
	换热站		
	洗衣机房	三级负荷	
	营养厨房		
单路树干式	普通照明	三级负荷	
	普通空调		
	住院部的普通病房区及医护办公区		
	门诊区域等		

医院建筑功能复杂，部分医疗工艺可聘请专业公司进行专项设计，设计院预留此部分用电容量。

常见的医疗工艺专项设计包括：放射屏蔽工程、标识系统、净化工程、实验室、检验科、物流工程（轨道、气动、垃圾、被服、AGV机器人）、医用气体、污水处理、纯水、冷库、高压氧舱等。

电气竖井应设置在供电区域的负荷中心，并应靠近电源侧。综合考虑防火分区、供电半径以及上下层防火分区的相对关系等因素，以一类高层建筑地上每防火分区接近 $3000m^2$ 为例，建议每防火分区设置 1~2 个电气竖井。医院建筑重要科室需设置专用配电间，用于集中放置配电柜、UPS、医疗 IT 隔离系统装置等。需设置专用配电间的场所有：急诊部、手术部、重症监护室（ICU、NICU、EICU、CCU）、检验科、病理科、血液透析室、集中实验室、烧伤病房、层流病房、产房等。竖井内的布线方式，可采用电缆桥架和母线槽的布线方式。计算电流在 400A 及以上时，优先选用母线槽。

4.2 常用诊疗设备配电

大型诊疗设备应采用专用回路供电。诊疗设备的电源系统应满足设备对电源内阻或线路允许压降的要求。医用 X 射线设备、医用高能射线、医用核素等涉及射线防护安全的诊疗设备配电箱，应设置在便于操作处，不得安装在射线防护墙上。

4.2.1 常用诊疗设备分类

常用诊疗设备通常可以划分为医用磁共振成像设备、医用 X 射线设备、医用高能射线设备、医用核素设备四大类。其内部用电设备主要结构以及主要的工作特性见表 4-2-1。

表 4-2-1 常用诊疗设备分类

类别	设 备	主要结构	工作特性
医用磁共振成像设备	MRI	主机系统、磁体水冷机系统	因医用磁共振成像磁体必须保证低温，因此主机停机时，水冷机组也要保证 24h 持续运行

类别	设　备	主要结构	工作特性
医用 X 射线设备	诊断设备:普通 X 射线诊断机、CR 机、DR 机、DSA 机 计算机断层摄影设备:CT 治疗设备:X 射线深部治疗机、X 射线浅部治疗机、X 射线接触治疗机、X 射线介入治疗机	高压发生器	高压发生器(诊断):三相、瞬时大负荷 高压发生器(诊疗):三相、连续大负荷
医用高能射线设备	高能射线治疗设备:电子直线加速器、回旋加速器、中子治疗机、质子治疗机 高能射线定位设备:放射治疗模拟机	加速器、水冷机	加速器:三相、连续大负荷 定位设备:断续反复工作制 高能射线发生器需要低温冷却保证,冷水机组为连续工作制
医用核素设备	诊断设备:PET、SPECT	照相机及计算机	三相、连续大负荷
	诊断设备:PET-CT、SPECT-CT	高压发生器	高压发生器:三相、瞬时大负荷
	诊断设备:PET-MR	主机系统、磁体水冷机系统	因医用磁共振成像磁体必须保证低温,因此主机停机时,水冷机组也要保证 24h 持续运行
	治疗设备:钴 60、核素后装近距离治疗机	控制系统:气动、电动机构	单相,小容量

4.2.2　常用诊疗设备主要技术特点

常用诊疗设备的负荷分级见表 4-2-2。

配备冷水机组的常用诊疗设备见表 4-2-3。

表 4-2-2 常用诊疗设备的负荷分级

名称	负荷等级	设 备
负荷等级	一级负荷	影像科、放射治疗室、核医学室的诊疗设备及照明用电
	二级负荷	影像科诊断设备用电

表 4-2-3 配备冷水机组的常用诊疗设备

特点	设 备	供电措施
配备冷水机组	MRI、电子直线加速器、回旋加速器、中子治疗机、质子治疗机等	冷水机组应采用专用的两路供电

常用诊疗设备的工作机制可分为连续工作制与断续反复工作制两种，其主要运行特点以及断路器选型原则见表 4-2-4。

表 4-2-4 常用诊疗设备工作机制

工作机制	设 备	运行特点	断路器选型原则
连续工作制	MRI；X 射线深部治疗机、X 射线浅部治疗机、X 射线接触治疗机、X 射线介入治疗机；电子直线加速器、回旋加速器、中子治疗机、质子治疗机；钴 60 治疗机、γ 刀、PET、SPECT 等	负荷相对平稳	按设备负荷进行断路器参数整定
断续反复工作制	普通 X 射线诊断机、CR 机、DR 机、DSA 机、CT 机；放射治疗模拟机；PET-CT 等	瞬时大负荷	按设备瞬时负荷的 50% 和持续负荷的 100% 中较大值进行断路器参数整定

4.2.3 常用诊疗设备供电措施

常用诊疗设备主要分布于综合医院的放射科（影像科）、放疗科、核医学科三大科室中，从科室视角分析常用诊疗设备的供电措施总结为表 4-2-5。

表 4-2-5　常用诊疗设备供电措施

科室名称	设备性质	设备名称	负荷等级	双回路末端切换	备注
放射科（影像科）	诊断设备	普通 X 射线诊断机、CR 机、DR 机	二级	○	
		计算机断层摄影设备：CT	二级	○	
		乳腺钼靶	二级	○	
		MRI	二级	●	JGJ 312—2013 第 6.2.2 条规定：主机宜采用两路供电，冷水机组应由变电所采用专用的两路供电
	诊疗设备	治疗用 CT	一级	●	
		DSA 数字血管造影设备	一级	●	与手术室分别供电
放疗科	诊疗设备	电子直线加速器、中子治疗机、质子治疗机、重离子放疗	一级	●	主机、冷水机组均应由变电所采用专用的两路供电
		Cyberknife 加速器、tomo 加速器、核磁加速器	一级	●	
		γ 刀、钴 60、核素后装近距离治疗机	一级	●	
		CT 模拟机	一级	●	
		X 射线深部治疗机、X 射线浅部治疗机、X 射线接触治疗机、X 射线介入治疗机	一级	●	

科室名称	设备性质	设备名称	负荷等级	双回路末端切换	备注
核医学科	诊疗设备	PET、SPECT、PET-CT	一级	●	主机、冷水机组均应由变电所采用专用的两路供电
		PET-MR	一级	●	
		回旋加速器	一级	●	

注：●—应配置；○—宜配置。本章后续表格同此原则。

界面建议：设计院负责对现场配电柜提供电源。不同供应商的配电系统差异很大，建议配电柜及后续的门机联锁、急停按钮、激光定位仪等，由供应商结合自身设备进行专项设计。国标图集《医疗建筑电气设计与安装》（19D706-2）中也已明确，现场配电柜由设备供应商进行专项设计或配套提供。

4.3 典型科室配电

4.3.1 急诊部

急诊部供电要求：采用双路电源供电，其中一路电源引自柴油发电机应急段。急诊部供电要求见表 4-3-1。

表 4-3-1 急诊部供电要求

名称	医疗场所及设施	双回路末端切换	应急电源		2类医疗场所局部 IT 系统	备注
			柴油发电机	UPS		
急诊部	急诊诊室	●	○			UPS 仅承担涉及患者生命安全的设备及安全照明用电
	急诊抢救室	●	●	●	●	
	急诊观察室、处置室	●	○			

急诊部典型配电系统示意图见图 4-3-1。

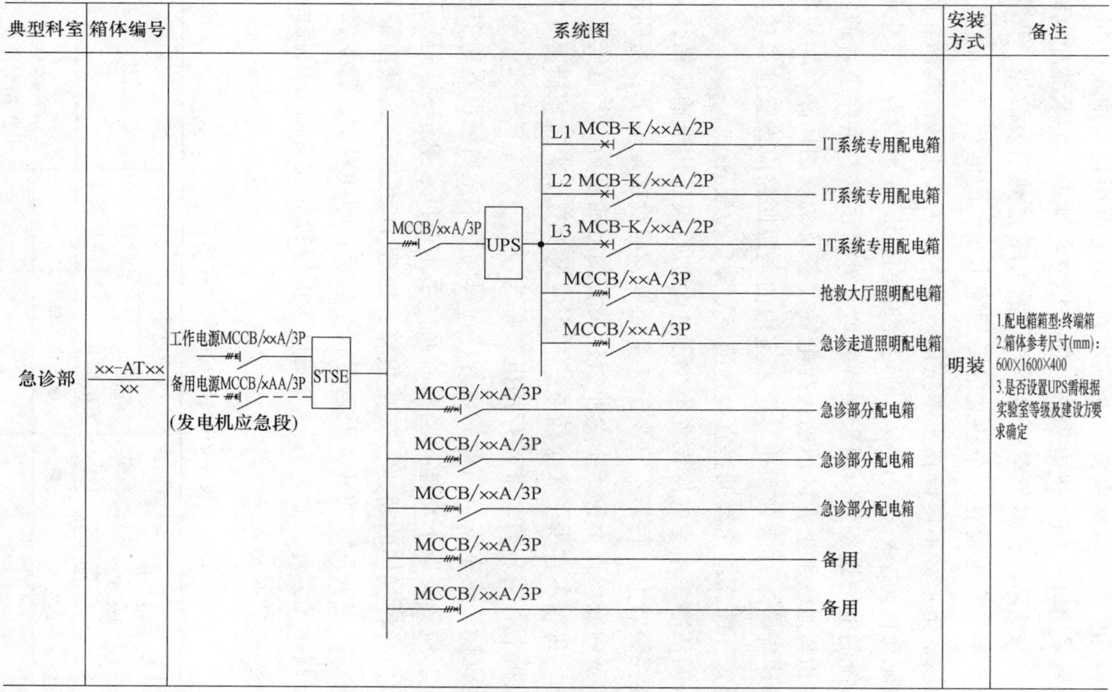

典型科室	箱体编号	系统图	安装方式	备注
急诊部	xx-ATxx xx	工作电源MCCB/xxA/3P 备用电源MCCB/xxA/3P（发电机应急段） STSE MCCB/xxA/3P — UPS L1 MCB-K/xxA/2P — IT系统专用配电箱 L2 MCB-K/xxA/2P — IT系统专用配电箱 L3 MCB-K/xxA/2P — IT系统专用配电箱 MCCB/xxA/3P — 地铁大厅照明配电箱 MCCB/xxA/3P — 急诊走道照明配电箱 MCCB/xxA/3P — 急诊部分配电箱 MCCB/xxA/3P — 急诊部分配电箱 MCCB/xxA/3P — 急诊部分配电箱 MCCB/xxA/3P — 备用 MCCB/xxA/3P — 备用	明装	1.配电箱暗型安装箱 2.箱体参考尺寸(mm)：600×1600×400 3.是否设置UPS清栅器实验室等级及数安装方案需确定

图 4-3-1 急诊部典型配电系统示意图

4.3.2 手术部

手术部应采用双路电源供电，其中一路电源引自柴油发电机应急段，宜采用集中 UPS 供电模式，便于检修与维护。手术部配电间应设置在非洁净区，避免空间狭小导致的 UPS 过热引发故障、火灾等。每个手术室应设有一个独立的专用配电箱，配电箱应设在该手术室的清洁走道，不得设在手术室内。手术室为 2 类医疗场所，除手术台驱动机构、X 射线设备、额定容量超过 5kVA 的设备、非生命支持系统的电气设备外，用于维持生命、外科手术、重症患者的实时监控和其他位于患者区域的医疗电气设备及系统的回路，均应采用医疗场所局部 IT 系统供电。手术室内的电源回路应设置绝缘检测报警装置，IT 系统出线回路宜设置绝缘故障定位装置。

每间洁净手术室内应设置不少于 3 个治疗设备用电插座箱，并宜安装在侧墙上。每箱不宜少于 3 个插座，应设接地端子；每间洁净手术室内应设置不少于 1 个非治疗设备用电插座箱，并宜安装在侧墙上。每箱不宜少于 3 个插座，其中应至少有 1 个三相插座，并应在面板上有明显的"非治疗用电"标志。

为保障手术室安全高效的运行，在每间手术室内应设置集中控制面板，应具有以下功能：当前时间、手术时间、麻醉时间显示；手术室内各种气体的超压、欠压报警；医疗 IT 系统的绝缘报警和状态显示；空调系统的开关及运行状态显示；呼叫对讲、背景音乐开关控制；无影灯、看片灯、照明灯、摄像机等设备的开关控制。手术部供电要求见表 4-3-2。

表 4-3-2 手术部供电要求

| 名称 | 医疗场所及设施 | 双回路末端切换 | 应急电源 | | 2 类医疗场所局部 IT 系统 | 备注 |
			柴油发电机	UPS		
手术部	手术室	●	●	●	●	UPS 仅承担涉及患者生命安全的电气设备及安全照明用电
	术前准备室、术后恢复室、麻醉室	●	●	●		

名称	医疗场所及设施	双回路末端切换	应急电源		2类医疗场所局部IT系统	备注
			柴油发电机	UPS		
手术部	护士站、麻醉师办公室、石膏室、冰冻切片室、敷料制作室、消毒辅料室	●	○			

手术部典型配电系统示意图如图 4-3-2 所示。

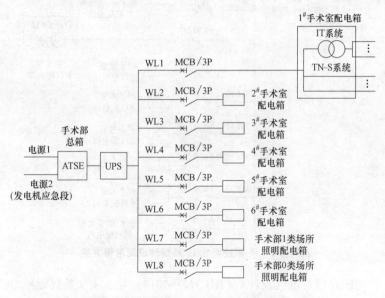

图 4-3-2 手术部典型配电系统示意图

手术部配电也可将 IT 系统与非 IT 系统分开设计（可共用配电箱），把手术室内治疗用电与非治疗用电分开，可起到降低投资、减少三相不平衡的作用。采用此方案，当 TN-S 系统发生过负荷、短路等故障时，对 IT 系统影响较小，进一步增强了手术室供电的安全性。IT 系统与非 IT 系统分设配电箱方案如图 4-3-3 所示。

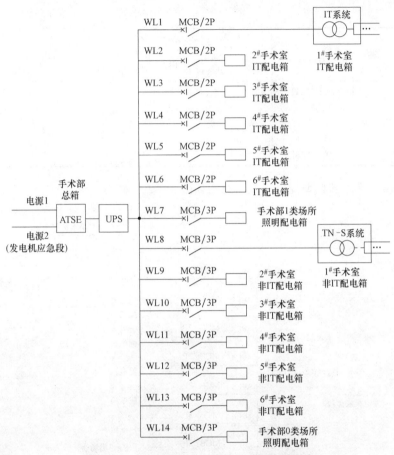

图 4-3-3 IT 系统与非 IT 系统分设配电箱方案

《医疗建筑电气设计》（JGJ 312—2013）第 5.4.9 条规定："医疗场所局部 IT 系统，应能显示工作状态及故障类型，并应设置声光警报装置，且报警装置应安装在有专职人员值班的场所。"此规定在实际工程案例中执行得并不理想。基于此现状，可设置手术部智慧配电系统，既可对系统内各设备进行集中监控、集中管理、显示告警信息以满足规范要求，又可对手术室供电的电能质量进行保障，实现谐波抑制、稳频稳压、后备供电等功能。手术部智慧配电系统示意图如图 4-3-4 所示。

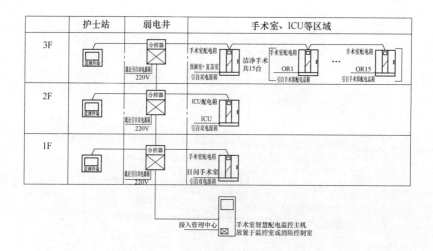

图 4-3-4　手术部智慧配电系统示意图

4.3.3　重症监护室

重症监护室（ICU、NICU、EICU、CCU）供电措施建议：采用双路电源供电，其中一路电源引自柴油发电机应急段。重症监护室供电要求见表4-3-3。

表 4-3-3　重症监护室供电要求

名称	医疗场所及设施	双回路末端切换	应急电源		2类医疗场所局部IT系统	备注
			柴油发电机	UPS		
住院部	重症监护室	●	●	●	●	UPS仅承担涉及患者生命安全的电气设备及安全照明用电

重症监护室典型配电系统示意图如图4-3-5所示。

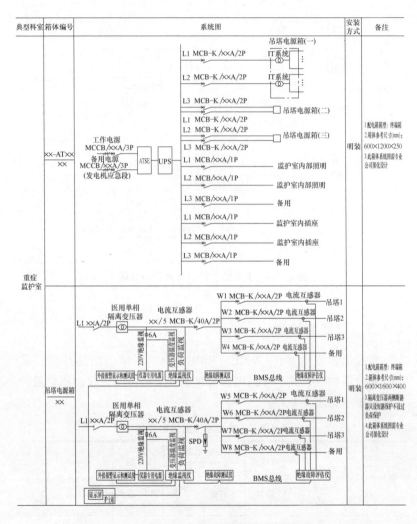

图 4-3-5　重症监护室典型配电系统示意图

4.3.4　检验科

检验科供电要求：采用双路电源供电，其中一路电源引自柴油发电机应急段。检验科供电要求见表4-3-4。

表 4-3-4　检验科供电要求

名称	医疗场所及设施	双回路末端切换	应急电源		2 类医疗场所局部 IT 系统	备注
			柴油发电机	UPS		
检验科	大型生化仪器	●	●	●		UPS 仅针对允许供电时间 $t \leqslant 0.5s$ 设备
	一般仪器	●	○	○		

检验科典型配电系统示意图如图 4-3-6 所示。

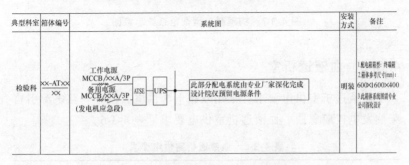

图 4-3-6　检验科典型配电系统示意图

4.3.5　病理科

病理科供电要求：采用双路电源供电，其中一路电源宜引自柴油发电机应急段。病理科供电要求见表 4-3-5。

表 4-3-5　病理科供电要求

名称	医疗场所及设施	双回路末端切换	应急电源		2 类医疗场所局部 IT 系统	备注
			柴油发电机	UPS		
病理科	取材室、制片室、镜检室	●	○	○		
	病理解剖	●	○	○		

病理科典型配电系统示意图如图 4-3-7 所示。

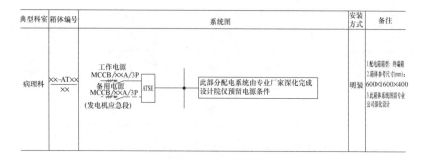

典型科室	箱体编号	系统图	安装方式	备注
病理科	××-AT××/××	工作电源 MCCB/××A/3P 备用电源 MCCB/××A/3P（发电机应急段） ATSE 此部分配电系统由专业厂家深化完成设计院仅预留电源条件	明装	1.配电箱箱型：终端箱 2.箱体参考尺寸(mm)：600×1600×400 3.此箱体系统图由专业公司深化设计

图 4-3-7　病理科典型配电系统示意图

4.3.6　血液透析室

血液透析室供电要求：采用双路电源供电，其中一路电源引自柴油发电机应急段。血液透析室供电要求见表 4-3-6。

表 4-3-6　血液透析室供电要求

名称	医疗场所及设施	双回路末端切换	应急电源		2类医疗场所局部IT系统	备注
			柴油发电机	UPS		
住院部	血液透析室	●	●			透析机自带UPS

血液透析室典型配电系统示意图如图 4-3-8 所示。

4.3.7　集中实验室

集中实验室供电要求：采用双路电源供电，是否由柴油发电机应急段引来电源需视该实验室负荷等级以及医院要求而确定。集中实验室供电要求见表 4-3-7。

集中实验室典型配电系统示意图如图 4-3-9 所示。

典型科室	箱体编号	系统图		安装方式	备注
血液透析室	xx-ATxx xx	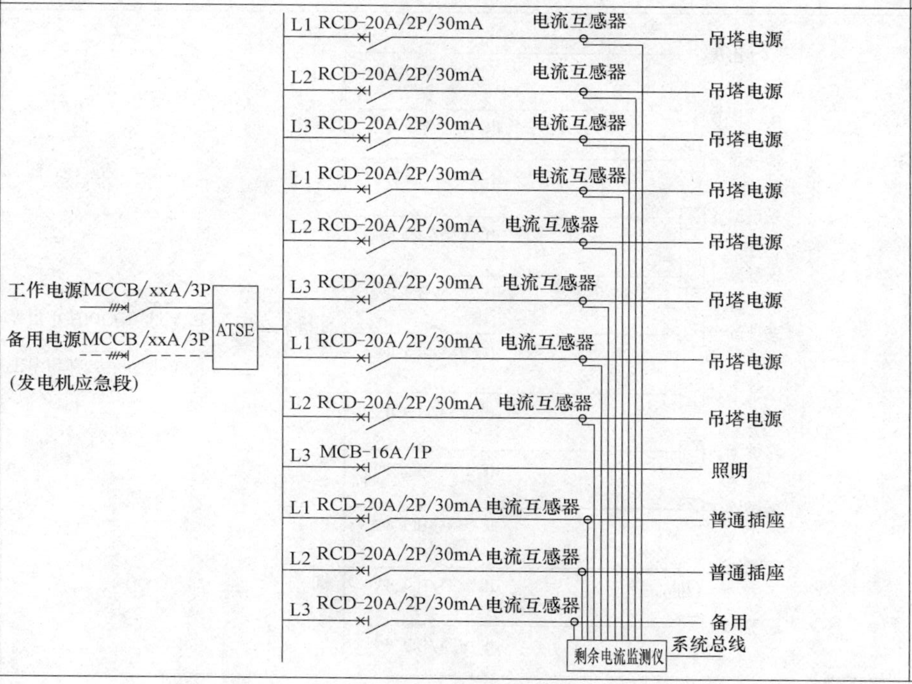 工作电源MCCB/xxA/3P 备用电源MCCB/xxA/3P (发电机应急段) ATSE L1 RCD-20A/2P/30mA 电流互感器 — 吊塔电源 L2 RCD-20A/2P/30mA 电流互感器 — 吊塔电源 L3 RCD-20A/2P/30mA 电流互感器 — 吊塔电源 L1 RCD-20A/2P/30mA 电流互感器 — 吊塔电源 L2 RCD-20A/2P/30mA 电流互感器 — 吊塔电源 L3 RCD-20A/2P/30mA 电流互感器 — 吊塔电源 L1 RCD-20A/2P/30mA 电流互感器 — 吊塔电源 L2 RCD-20A/2P/30mA 电流互感器 — 吊塔电源 L3 MCB-16A/1P — 照明 L1 RCD-20A/2P/30mA 电流互感器 — 普通插座 L2 RCD-20A/2P/30mA 电流互感器 — 普通插座 L3 RCD-20A/2P/30mA 电流互感器 — 备用 剩余电流监测仪 — 系统总线	明装	1.配电箱箱型:终端箱 2.箱体参考尺寸(mm):600×1600×400 3.透析机自带UPS 4.此箱体系统图需专业公司深化设计

图 4-3-8 血液透析室典型配电系统示意图

典型科室	箱体编号	系统图		安装方式	备注
集中实验室	xx-ATxx-xx	工作电源MCCB/xxA/3P 备用电源MCCB/xxA/3P ATSE - UPS MCCB/xxA/3P — 1#实验室 MCCB/xxA/3P — 2#实验室 MCCB/xxA/3P — 3#实验室 MCCB/xxA/3P — 4#实验室 MCCB/xxA/3P — 5#实验室 MCCB/xxA/3P — 6#实验室 MCCB/xxA/3P — 7#实验室 MCCB/xxA/3P — 8#实验室 MCCB/xxA/3P — 9#实验室 MCCB/xxA/3P — 备用 MCCB/xxA/3P — 备用		明装	1.配电箱箱型:终端箱 2.箱体参考尺寸(mm):600×1600×400 3.是否设置UPS需根据实验室等级及建设方案确定

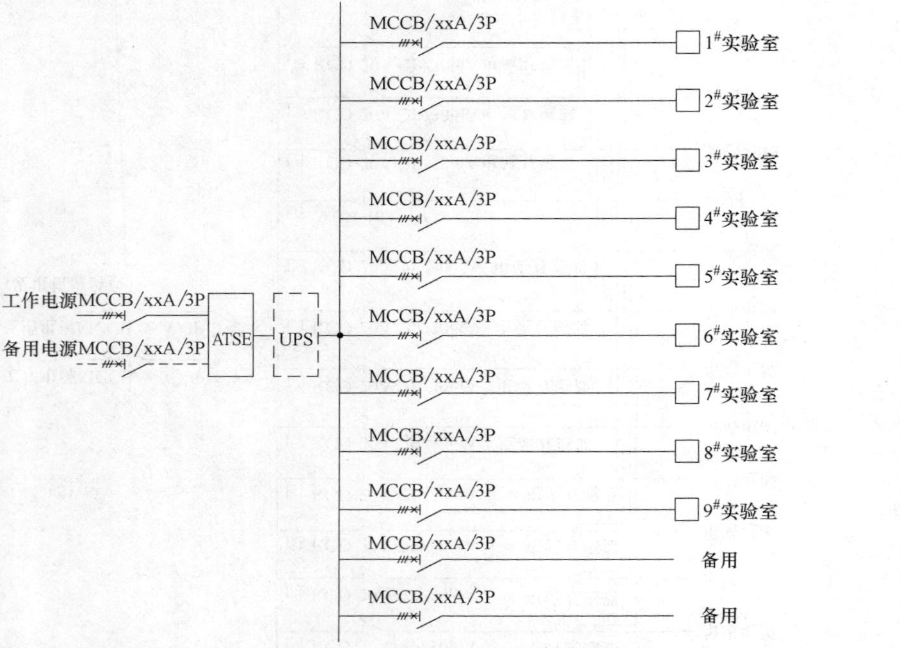

图 4-3-9 集中实验室典型配电系统示意图

表 4-3-7   集中实验室供电要求

| 名称 | 医疗场所及设施 | 双回路末端切换 | 应急电源 | | 2 类医疗场所局部 IT 系统 | 备注 |
			柴油发电机	UPS		
集中实验室	实验设备	●	○	○		UPS 仅针对允许中断供电时间小于 0.5s 设备

4.3.8   烧伤病房、层流病房、产房等

烧伤病房、层流病房、产房等场所供电要求：采用双路电源供电，其中一路电源引自柴油发电机应急段。其供电要求见表 4-3-8。

表 4-3-8   烧伤病房、层流病房、产房等场所供电要求

| 名称 | 医疗场所及设施 | 双回路末端切换 | 应急电源 | | 2 类医疗场所局部 IT 系统 | 备注 |
			柴油发电机	UPS		
住院部	血液病房的净化室、产房、烧伤病房	●	●	●		UPS 仅承担涉及患者生命安全的电气设备及安全照明用电

烧伤病房、层流病房、产房等场所典型配电系统示意图如图 4-3-10 所示。

典型科室	箱体编号	系统图	安装方式	备注
烧伤病房 层流病房 产房	xx-ATxx-xx	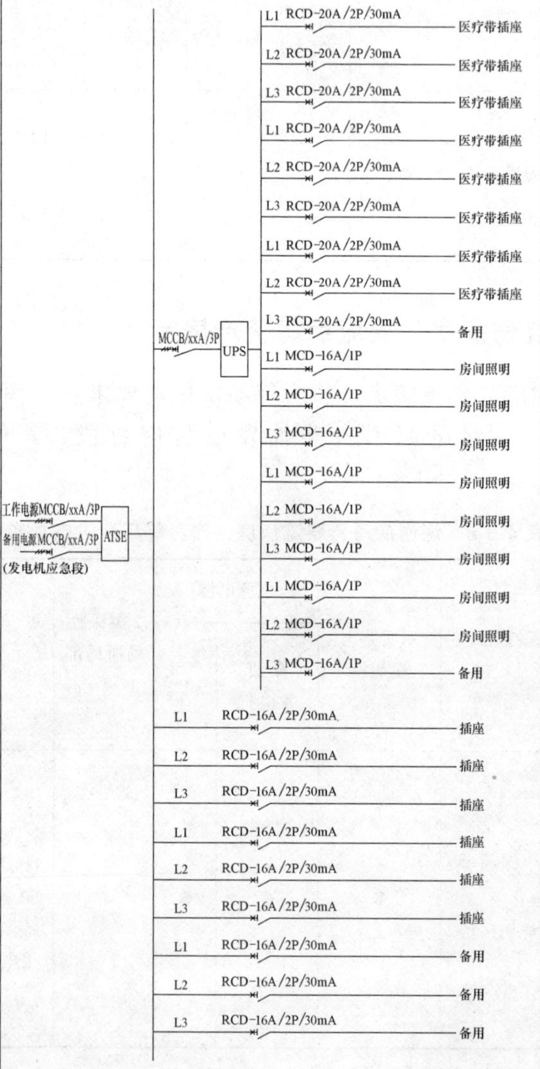 工作电源MCCB/xxA/3P 备用电源MCCB/xxA/3P (发电机应急段) ATSE MCCB/xxA/3P UPS L1 RCD-20A/2P/30mA — 医疗带插座 L2 RCD-20A/2P/30mA — 医疗带插座 L3 RCD-20A/2P/30mA — 医疗带插座 L1 RCD-20A/2P/30mA — 医疗带插座 L2 RCD-20A/2P/30mA — 医疗带插座 L3 RCD-20A/2P/30mA — 医疗带插座 L1 RCD-20A/2P/30mA — 医疗带插座 L2 RCD-20A/2P/30mA — 医疗带插座 L3 RCD-20A/2P/30mA — 备用 L1 MCD-16A/1P — 房间照明 L2 MCD-16A/1P — 房间照明 L3 MCD-16A/1P — 房间照明 L1 MCD-16A/1P — 房间照明 L2 MCD-16A/1P — 房间照明 L3 MCD-16A/1P — 房间照明 L1 MCD-16A/1P — 房间照明 L2 MCD-16A/1P — 房间照明 L3 MCD-16A/1P — 备用 L1 RCD-16A/2P/30mA — 插座 L2 RCD-16A/2P/30mA — 插座 L3 RCD-16A/2P/30mA — 插座 L1 RCD-16A/2P/30mA — 插座 L2 RCD-16A/2P/30mA — 插座 L3 RCD-16A/2P/30mA — 插座 L1 RCD-16A/2P/30mA — 备用 L2 RCD-16A/2P/30mA — 备用 L3 RCD-16A/2P/30mA — 备用	明装	1.配电箱类型:终端箱 2.箱体参考尺寸(mm):600×1600×400 3.是否设置UPS需根据实验室等级及建设方要求确定

图 4-3-10　烧伤病房、层流病房、产房等场所典型配电系统示意图

4.4 人防中心医院、人防急救医院配电

下列人防工程应在内部设置柴油发电机站:

1) 中心医院、急救医院。

2) 救护站、防空专业队工程人员掩蔽工程、配套工程等防空地下室,建筑面积之和大于 5000m²。

中心医院、急救医院内应设置固定电站,应采用柴油发电机组。供电容量必须满足战时一、二级电力负荷的需要,并宜作为区域电站,以满足在低压供电范围内的邻近人防工程的战时一、二级负荷用电。固定电站内机组不应少于两台,单机容量应能满足战时一级负荷的容量,不设备用机组。救护站内宜设置移动柴油发电机组,机组容量不宜大于 120kW,应满足战时一、二级负荷需要。电力系统电源应引入电站控制室,在控制室内进行电力系统电源与发电机电源的转换,在电站控制室内分别对平时和战时的各级负荷配电。救护站应在清洁区设置配电间,在配电间内进行电力系统电源与发电机电源的转换,在配电间内分别对平时和战时的各级负荷配电。战时一级负荷应采用两路电源在负荷侧切换,战时二级负荷宜在电源侧切换。

4.4.1 人防固定电站土建配合

人防固定电站功能较复杂,需联合暖通、给水排水专业给建筑专业提资,密切配合,典型的固定电站平面示意如图 4-4-1 所示。

人防固定电站土建配合,需注意如下事项:

1. 选址

柴油发电机站的位置应根据防空地下室的用途和发电机组的容量等条件综合确定;宜独立设置,并与主体连通;并宜靠近负荷中心,远离安静房间。

2. 主要机房

1) 控制室:电站的控制室宜与发电机房分室布置。其控制室

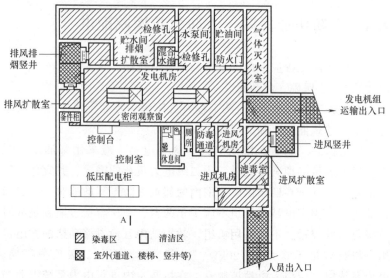

图 4-4-1　人防固定电站典型平面示意图

和休息间、厕所等应设在清洁区；配电柜平时安装到位。

2）发电机房：发电机房和贮水间，贮油间，进、排风机室，机修间等应设在染毒区。控制室与主体相连通时，可不单独设休息间和厕所。机组不少于两台，平时安装到位。

3）贮油间：贮油间宜与发电机房分开布置；严禁柴油发电机排烟管、通风管、电线、电缆等穿过贮油间。燃油可用油箱、油罐或油池贮存，其数量不得少于两个。贮油时间为 7~10d，位于染毒区。

3. 电缆通道

设置强电、弱电防爆波电缆井，尽量贴临控制室、防化值班室等，不要贴临贮油间。

4. 控制台

控制室内设置控制台，用于柴油发电机组隔室操作。

5. 观察窗

控制室与发电机房之间应设置密闭隔墙、密闭观察窗和防毒通道。

6. 吊装孔

当发电机房确无条件设置直通室外地面的发电机组运输出入口时，可在非防护区设置吊装孔。

7. 进风、排风、排烟扩散室

进风、排风、排烟扩散室用于柴油发电机机房的进风、排风、排烟等。

4.4.2 人防固定电站配电系统

人防固定电站配电系统由两组电力系统电源、柴油发电机源互投后引入不同低压母线段，低压母线间设母联。固定电站供电方案如下：

1）战时电源主要应以柴油发电机组运行为主，市电电源为辅。临战时应采用一路市电和一台机组同时运行。当市电失去时，另一台机组投入运行。

2）当电力系统电源中断时，单台机组应能自启动，并在 15s 内向负荷供电。

3）当电力系统电源恢复正常后，应能手动或自动切换至电力系统电源，并向负荷供电。

人防固定电站的柴油发电机组位于染毒区，工作人员在位于清洁区的控制室内工作，非必要不会进入染毒区。故需要在控制室内隔室控制柴油发电机组，设计时需考虑控制台的位置，固定电站采用隔室操作控制方式时，在控制室内应能满足下列要求：

1）控制柴油发电机组启动、调速、并列和停机（含紧急停机）。

2）检测柴油发电机的油压、油温、水温、水压和转速。

3）控制和显示发电机房附属设备和通风方式的运行状态。

4.5 充电桩配电

1. 配置比例

满足医护人员和就诊人员的充电需求，提供 7kW 慢充和

30kW/60kW/120kW 快充相结合的综合型充电服务。

1）根据《电动汽车分散充电设施工程技术标准》（GB/T 51313—2018），医院停车场建设充电设施或预留建设安装条件的车位比例不应低于 10%。

2）充电设施在医院中的设置比例还应符合当地的规定，若当地没有具体规定，可参照上条执行。个别地区要求较高，例如西宁、三亚、深圳地区要求配建比例为 30%。

3）交流充电桩（交流慢充）与非车载充电机（直流快充）之间配比建议为 4∶1~10∶1，直流快充主要满足访客、患者及家属需求。建议直流快充仅设置于地面车位。

4）充电设备与充电车位、建（构）筑物之间的距离应满足安全、操作及检修的要求；充电设备外廓距充电车位边缘的净距不宜小于 0.4m。

2. 消防

1）新建汽车库内配建的分散充电设施在同一防火分区内应集中布置，并应布置在一、二级耐火等级的汽车库的首层、二层或三层。当设置在地下或半地下时，宜布置在地下车库的首层，不应布置在地下建筑四层及以下。

2）设置独立的防火单元，集中布置的充电设施区防火单元最大允许建筑面积见表 4-5-1。

表 4-5-1　防火单元最大允许建筑面积　（单位：m²）

耐火等级	单层汽车库	多层汽车库	地下汽车库或高层汽车库
一、二级	1500	1250	1000

3. 充电桩配电

（1）负荷等级

救护车用充电桩为二级负荷，其余为三级负荷。

（2）供电系统

1）如充电桩设置较为集中，建议单独设置变压器供电；如充电桩设置较为分散，建议由就近的变压器供电。

2）新建充电设施应根据规模在配电室预留专用馈线开关。当负荷容量小于 250kW 时，开关额定电流不宜小于 400A；当负荷电流大于 400A 时，应增加开关。

（3）电动车充电设施的末端回路应设置限流式电气防火保护器。

4.6 电气产品应用

4.6.1 智能断路器

1. Compact NSX 塑壳断路器的数字化方案

Compact NSX 塑壳断路器采用与断路器一体化的安装方式，无需额外的电源，直接卡装在断路器下端即可工作，节省安装时间。采用无线通信的技术，有效避免客户的二次接线错误。内置 CT 设计，无需额外的电流互感器，保证电参量的精度要求。

1）断路器状态参数采集：可以监测断路器分合闸位置、脱扣与故障脱扣状态信息。

2）断路器电气参数采集：可以测量电压、电流、电能、功率、功率因数、总谐波失真（THD）等实时参数信息。

3）断路器故障诊断信息：可以快速判断断路器脱扣的原因以及上传故障电流值。

4）断路器维护寿命信息：可以纪录断路器分合闸次数与跳闸次数，监测断路器触头磨损率。

5）断路器本体整定信息：可以上传到监控系统断路器类型、分断电流等级、整定以及设置的相关参数。

通过 PowerTag NSX 与塑壳断路器的配合使用，可以帮助客户实现配电场景的主动运维、故障问题的快速定位以及断路器老化风险的提前告知。

2. MicroLogic 高级控制单元

采用 MicroLogic 高级控制单元的框架和塑壳断路器，通过内置的监测管理模块，实现以下 4 类信息的全面监测管理和采集。

1）运行参数：包括电气回路的实时电流、电压、频率、功率、电能耗等实时电气运行参数；监测断路器的分、合闸位置，负荷率等设备运行信息；帮助用户实现开关的状态监测分析，实现现场运行状态的监测。

2）电气质量参数：包括电气回路的谐波畸变率、谐波次数、畸变波形捕捉等电气质量参数。

3）设备维护信息：包括断路器触头磨损率、运行时间；断路器分合闸次数、跳闸次数；断路器跳闸电流大小；不同负荷下运行时长以及温度信息等影响设备寿命的信息。设备维护信息监测帮助用户分析发现设备的老化程度信息，向运维工程师提供预防性指导和计划；

4）设备整定信息：包括设备整定参数、设备内部的固件（Firmware）版本、设备型号和序列号、铭牌信息等。整定参数监测帮助运维工程师直观分析上、下游开关的保护配合度。负荷率信息帮助用户评估负载的备用余量，及时调整负荷运行，避免过负荷失电。

3. Emax2 空气断路器、Tmax XT 塑壳断路器

1）对电流、电压、功率、电能等实时测量，具有故障录波、谐波分析、触头磨损等信息。

2）可配置 Modbus RS485、Modbus TCP、PROFIBUS、PROFINET、DeviceNet、EtherNet/IP 等通信模块，与自动化和电能管理系统完美集成，以提高效率、降低能耗和实施远程监控，此外，通过集成的 IEC 61850 通信模块，断路器可以连接到中压配电领域广泛使用的自动化系统，以构建智能电网。

3）塑壳断路器 Tmax XT 具有和空气断路器 Emax2 具有相同的智能型脱扣器：Ekip Touch 和 Ekip Hi Touch，这两款脱扣器可以在线进行升级，在 Market Place 下载超过 50 种附加功能。

4. 数字化终端管理方案

Insite Pro M 数字化终端管理是智能化照明箱、动力箱和终端配电箱的智能化解决方案。系统由三种硬件设备组成：中央管理单元（SCU）、电流传感器和 I/O 数字化模块。SCU 采用 DIN 导轨安装，起到多功能电表、网关、处理器等功能。电流传感器采集电

流，最大监测电流为 160A。I/O 数字化模块采集辅助和报警及分励脱扣状态及其他能源仪表的状态。电流传感器和 I/O 数字化模块通过内部总线和 SCU 连接。

SCU 设备内置 Web Server，可就地作为边缘监控系统，对电力能耗进行监测和管理，存储和导出监测数据；对末端及其分支回路电参量和状态量监测，通过能耗、瞬时值、电能质量、设备操作次数等信息采集，实现分配电和终端配电的精细化管理。设备具备 Modbus TCP 通信接口，可以接入 Ability 及其他三方监控自动化系统。

4.6.2　剩余电流保护

《剩余电流动作保护装置安装和运行》中（GB 13955—2017）第5.8条规定：对应用于电子元器件较多的电气设备，电源装置故障含有脉动直流分量时，应选用 A 型剩余电流保护装置（RCD）。

《医疗建筑电气设计规范》（JGJ 312—2013）第9.3.7条，1类和2类医疗场所应选择安装 A 型或 B 型剩余电流保护器。

（1）AC、A、B 型剩余电流波形的差异（见表 4-6-1）

表 4-6-1　AC、A、B 型剩余电流波形的差异

类型	剩余电流波形描述	符号
AC 型	正弦交流剩余电流	
A 型	包含 AC 型波形，脉动直流剩余电流	
B 型	脉动直流剩余电流叠加 6mA 平滑直流剩余电流，包含 A 型波形	

（2）AC、A、B 型剩余电流保护的差异

1）AC 型剩余电流。AC 型剩余电流动作断路器适用于电子式、电磁式剩余电流动作断路器在 380V 三相、220V 单相供电条件下，验证剩余电流动作特性。当波形仅含有正弦交流电流时，应选择 AC 型剩余电流保护器。

应用场合：交流接地故障系统。

2）A 型剩余电流。有脉动直流接地故障系统，如单相、二相桥式整流等场合，应选择 A 型剩余电流保护器。

3）B 型剩余电流。当波形含有直流、脉动直流和正弦交流电流时，应选择 B 型剩余电流保护器。

4.6.3　电弧故障保护电器（AFDD）

IEC 60364-7-710 第二次修订稿中增加了 710.42 安全防护-热效应防护：在 1 类、2 类场所不应安装电弧故障保护电器（AFDD）、在 0 类医疗场所安装 AFDD 需要先采取风险评估环节。

我国已经发布了推荐性标准《电弧故障保护电器（AFDD）的一般要求》（GB/T 31143—2014），降低其下端电气火灾危险。S-ARC1 和 S-ARC1 M 是新的 1P+N 电弧故障检测设备，分别配有分断能力为 6kA 和 10kA 的集成 MCB。防止串联电弧故障，防止接地电弧故障，防止并联电弧故障。

第5章 照明配电系统

5.1 概述

医院建筑是功能复杂的一类公共建筑。医院的照明应考虑不同的功能分区、不同的人员、不同的使用需求进行设计。

5.1.1 医院照明标准

与医院照明相关的标准、规范主要有《综合医院建筑设计规范》(GB 51039—2014)、《传染病医院建筑设计规范》(GB 50849—2014)、《医院洁净手术部建筑技术规范》(GB 50333—2013)、《科研建筑设计标准》(JGJ 91—2019)、《生物安全实验室建筑技术规范》(GB 50346—2011)、《实验室 生物安全通用要求》(GB 19489—2008)、《建筑物电气装置 第7-710部分：特殊装置或场所的要求-医疗场所》(GB 16895.24—2005)、《建筑照明设计标准》(GB 50034—2013)、《消防应急照明和疏散指示系统技术标准》(GB 51309—2018)、《医疗建筑电气设计规范》(JGJ 312—2013)、《民用建筑电气设计标准》(GB 51348—2019)等。

1. 医院正常照明

在上述标准、规范中规定了医院建筑照明的标准值，见表 5-1-1。

除上述规定的照度、统一眩光值、照度均匀度、显色指数外，医院建筑照明的色温要求见表 5-1-2。

表 5-1-1　医院建筑照明标准

房间或场所	参考平面及其高度	照度标准值/lx	照明功率密度限值/(W/m²)		统一眩光值 UGR	照度均匀度 U。	显色指数 Ra
			现行值	目标值			
门厅、挂号厅、候诊区	地面	200	6.5	5.5	22	0.4	80
服务台	0.75m 水平面	200	6.5	5.5	19	0.6	80
诊疗设备主机室	0.75m 水平面	200	6.5	5.5	19	0.7	80
婴儿护理房	0.75m 水平面	200	6.5	5.5	19	0.6	80
血库	0.75m 水平面	200	6.5	5.5	—	0.6	80
药库	0.75m 水平面	200	6.5	5.5	—	0.6	80
洗衣房	0.75m 水平面	200	6.5	5.5	—	0.4	80
挂号室、收费室	0.75m 水平面	300	9.0	8.0	19	0.7	80
诊室、急诊室	0.75m 水平面	300	9.0	8.0	19	0.6	80
磁共振室	0.75m 水平面	300	9.0	8.0	19	0.7	80
加速器室	0.75m 水平面	300	9.0	8.0	19	0.7	80
功能检查室	0.75m 水平面	300	9.0	8.0	19	0.7	80
护士站	0.75m 水平面	300	9.0	8.0	—	0.6	80
监护室	0.75m 水平面	300	9.0	8.0	19	0.6	90
会议室	0.75m 水平面	300	9.0	8.0	19	0.6	80
办公室	0.75m 水平面	300	9.0	8.0	19	0.6	80
化验室	0.75m 水平面	500	15.0	13.5	19	0.7	80
药房	0.75m 水平面	500	15.0	13.5	19	0.6	80
病理实验及检验室	0.75m 水平面	500	15.0	13.5	19	0.7	80
仪器室	0.75m 水平面	500	15.0	13.5	19	0.7	80
专用诊疗设备的控制室	0.75m 水平面	500	15.0	13.5	19	0.7	80
计算机网络机房	0.75m 水平面	500	15.0	13.5	19	0.6	80
手术室	0.75m 水平面	750	23.0	21.0	19	0.7	90

房间或场所	参考平面及其高度	照度标准值/lx	照明功率密度限值/(W/m²)		统一眩光值 UGR	照度均匀度 U₀	显色指数 Ra
			现行值	目标值			
病房	0.75m 水平面	100	5.0	4.5	19	0.6	80
急诊观察室	0.75m 水平面	100	5.0	4.5	19	0.7	80
医护人员休息室	地面	100	5.0	4.5	22	0.4	80
患者活动室	地面	100	5.0	4.5	22	0.4	80
电梯厅	地面	100	4.5	4.0	—	0.4	80
走道	地面	100	4.5	4.0	19	0.6	80
楼梯间	地面	50	2.5	2.0	25	0.4	80
厕所、浴室	地面	100	4.5	4.0	—	0.4	80
消防及安防监控室	0.75m 水平面	500	15.0	13.5	19	0.6	80
变配电所、发电机房	0.75m 水平面	200	7.0	6.0	25	0.6	80
通用实验室	0.75m 实验台面	300	9.0	8.0		0.6	80

注：对于手术室照明，在距地1.5m、直径300mm的手术范围内，由专用手术无影灯产生的照度应为（20~100）×10³lx，且胸外科手术专用无影灯的照度应为（60~100）×10³lx；有影像要求的手术室应采用内置摄像机的无影灯；口腔科无影灯的照度不应小于10×10³lx。

表 5-1-2　医院建筑照明色温要求

房 间 名 称	相关色温/K
病房、病人活动室、理疗室、监护病房、餐厅	≤3300
诊查室、候诊室、检验科、病理科、配方室、医生办公室、护士室、值班室、放射科诊断室、核医学科、CT诊断室、放射科治疗室、手术室、设备机房	3300~5300

注：照明光源为 LED 时，色温不宜高于 4000K

2. 医院应急照明

应急照明包括疏散照明、安全照明、备用照明。

（1）疏散照明

疏散照明灯具均采用 LED 光源，为保证照度，增设应急照明灯，吸顶或壁装。当发生火灾时，系统根据火灾报警系统的联动信息，打开应急照明灯，当市电断电时，也应能瞬时联动应急灯具开启。

对于人流密集的大面积公共建筑区域的地面应在疏散通道和主要疏散路径的地面增设能保持视觉连续的灯光疏散指示标志或蓄光疏散指示标志。

（2）安全照明

根据《建筑物电气装置　第 7-710 部分：特殊装置或场所的要求　医疗场所》（GB 16895.24—2005），如下场所需设置安全照明：

1）拟安装重要医疗设备的房间，在每一房间至少有一个照明灯为安全照明。

2）1 类医疗场所，在每一房间至少有一个照明灯为安全照明。

3）2 类医疗场所，在每一房间至少有 50% 的照明灯为安全照明。

根据《医疗建筑电气设计规范》（JGJ 312—2013），医院的 2 类场所中的手术室、抢救室等处应设置安全照明，其照度值为正常照明的照度值。手术室、抢救室等处安全照明的持续供电时间，三级医院应大于 24h，二级医院宜大于 12h，二级以下医院宜大于 3h。

（3）备用照明

重症监护室、急诊通道、化验室、药房、产房、血库、病理实验与检验室等需确保医疗工作正常进行的场所，应设置备用照明；其他 2 类场所中备用照明的照度不应低于一般照明照度值的 50%。消防安防监控中心、通信机房、消防水泵房、防排烟机房、变配电房、自备发电机房等消防工作区域以及智能化系统机房等场所的备用照明照度值为一般照明的 100%。大厅、餐厅、大会议室等人员密集场所设置备用照明，其照度值为一般照明的 10%。

根据《建筑设计防火规范》（GB 50016—2014）的要求，超过 200 床的医院需要设置火灾自动报警系统。三级医院和超过 200 床的二级医院其消防疏散照明应采用集中控制型系统。其中疏散照明应符合表 5-1-3 的规定。

表 5-1-3 疏散照明设置

设 置 场 所	地面水平最低照度/lx	蓄电池持续工作时间/h
楼梯间、前室或合用前室、避难走道	10.0	1.0+0.5
病房楼或手术部的避难间	10.0	1.0+0.5
手术室、ICU、需要救援人员协助疏散的场所	5.0	1.0+0.5

注：根据《消防应急照明和疏散指示系统技术标准》（GB 51309—2018）的要求，蓄电池持续工作时间 $t = t_1 + t_2$。其中，t_1 为应急启动后蓄电池电源的持续工作时间，取值为 1.0h；t_2 为灯具持续应急点亮时间，取值为 0.5h。

根据《医疗建筑电气设计规范》（JGJ 312—2013），医院的重症监护室、急诊通道、化验室、药房、产房、血库、病理实验室、检验室等需确保医疗工作正常进行的场所应设置备用照明，其照度值为正常照明照度值。

关于医院安全照明、备用照明有以下规定：

1) 安全照明、备用照明的光源、灯具宜于正常照明的光源、灯具一致。

2) 1 类、2 类医疗场所设置的安全照明宜与备用照明（非消防）合用。

3) 医院建筑中的安全照明、备用照明光源的色温、显色性宜与一般照明一致，灯具宜与一般照明协调布置，疏散照明的设置不应与医院建筑的其他标志相互遮挡。

3. 医院的其他照明

1) 夜间照明：病房内和病房走道宜设有夜间照明。

2) 紫外线消毒照明：候诊区、传染病房、手术室、血库、洗消间、供应室、太平间、垃圾处理站等处设置紫外线消毒灯。

3) 标识照明：①建筑楼层索引，可采取立地式或贴墙式；敞开空间内指示牌底边距地高度不应小于 2.2m，贴墙式标志的设置应符合人的视觉要求，标牌底边距地宜 1.7~1.9m；②标识照明的外露可导电部分应可靠接地；③急诊、急诊通道应设有标志照明；X 线诊断室、MRI、CT 扫描室的外门上，应设有工作标识灯和防止误入室内的安全警示标志灯,工作标志灯色彩应采用红色;④室内标识照明的平均亮度应使人在距标识 1.5m 处可清晰辨认标志的有效文字和内容。当标识照明面积 ≤0.5m^2 时,其平均亮度宜为 400cd/m^2;当标识照明面积 ≥0.5m^2 且 ≤2m^2 时,其平均亮度宜为 300cd/m^2。

5.1.2 照明负荷分级

根据国家相关规范,医院照明负荷分级见表 5-1-4。

表 5-1-4 医院照明负荷符合分级

负荷等级	用电负荷名称
一级负荷中的特别重要负荷	急诊抢救室、血液病房的净化室、产房、烧伤病房、重症监护室、早产儿室、血液透析室、手术室、术前准备室、术后复苏室、麻醉室、心血管造影检查室等场所中的照明用电
一级负荷	急诊诊室、急诊观察室及处置室、婴儿室、内镜检查室、影像科、放射治疗室、核医学室、配电室等场所的照明用电 门诊部、医技部及住院部 30% 的走道照明用电
二级负荷	肢体伤残康复病房照明用电
三级负荷	其余为三级负荷

5.1.3 光源灯具选择

医院照明需满足医生、护士、病人的诊疗、护理、就医等活动的照明需求,并通过照明的照度、色温、眩光、墙面、板面、地面的装饰等为医护人员提供一个良好的工作环境,为病人提供一个促进康复的氛围。

1. 光源的选择

医院照明光源的选择应符合如下原则:

1)主要场所的显色指数均不小于 80,其中手术室、重症监护室等场所显色指数不小于 90。照明光源应具有较高的显色性。

2)门厅、门诊部、医技部及住院部的走道等处宜考虑采用可调光设计,宜以 LED 灯为主。

3）应急照明应采用能瞬时点燃的光源。

4）医院的照明使用时间较长，因此应采用高效节能光源如细管径荧光灯、LED 灯等。

2. 灯具的选择

1）护士站、办公室、治疗室、药房等的 LED 灯、荧光灯采用嵌入式格栅灯具，配电子镇流器。

2）病房一般照明采用嵌入式乳白罩照明灯。床头壁灯与呼唤装置、医疗用气体和吸引装置、电源插座、接地端子等共同组装在床头多功能控制板上，另设有廊灯及脚灯。

3）卫生间及浴室设防潮型吸顶 LED 灯。

4）空调机房、风机房、水泵房、变电所等采用 LED 灯，吸顶或管吊式安装。地下车库采用线槽式 LED 直管灯。

5）候诊室、呼吸科、传染病诊室及病房，洗消间，消毒供应室，妇科冲洗室，手术室等场所设置紫外线灭菌器或紫外杀菌灯专用插座且开关独立。

6）走廊采用方形带乳白罩嵌入式 LED 灯。

7）X 射线机室、同位素治疗室、电子加速器治疗室、CT 扫描室的入口门上设红色工作标志灯。标志灯的开闭应受设备操纵台控制。

8）磁共振扫描室、理疗室、脑血流图室等需要电磁屏蔽场所的灯具应采用非磁性材料等，且宜采用直流电源供电。测听室的照明采用白炽灯；眼科暗室采用可调光的白炽灯。

9）手术室、新生儿隔离病房、烧伤病房等有洁净要求的场所，应采用不易积尘、易于擦拭的密闭洁净灯，且照明灯具宜吸顶安装；当嵌入暗装时，其安装缝隙应有可靠的密封措施。

5.2 医院各部门照明设计

医院的照明设计作为医院现代化的重要标志，是体现医院现代化形象的一个重要手段。医院建筑包括门（急）诊、医技区、住院部等区域，各个区域对照明的要求不尽相同。

5.2.1　门（急）诊照明设计

门（急）诊部包括门厅、挂号、结算、取药、等候厅等服务场所。门（急）诊部是医院建筑的中枢地带，患者进入医院后从挂号到候诊、治疗、缴费、取药等流程都集中在这里进行。因此，医院门诊大厅体现了整个医院的医疗环境和档次。门（急）诊照明要考虑医生和患者的不同需求，既要满足医生的工作需求，又要满足患者的身心健康。门（急）诊照明要保持必要的照度和良好的显色性。

1. 大厅

大厅等公共区域应考虑高天棚，采用大功率的 LED 照明灯。照明设计需要注意照明灯具的分布、眩光，以及大厅内均匀度等问题。其余公共走道区域按照 100lx 设计，有吊顶的场所采用嵌入式灯具。

急诊大厅结合急诊室的人员导流进行灯具布局，可参照门诊大厅的照明设计方式。

2. 药房、挂号室及病案室

药房的药品存储柜，其旋转取药架的照度按照 500lx 设计，照明灯具布置在取药架之间的走道上空，避免取药架对照度的影响；取药窗口及天平等位置应设置局部照明，工作照明等宜采用下反射壁灯或吸顶方式，避免使用妨碍工作的台灯。挂号室及病案室的照明方式与药房大致相同，可参照药房的照明设计方式。

3. 诊室

诊疗室是医院中的主要功能用房，照度按照 300lx 设计。合理地选用光源和显色性，便于医护人员通过听、查、观等方式，准确判断和识别患者体位，并能满足医护人员的观察和书写的要求。对于自然采光较好的诊室宜安装百叶帘，灯具控制按平行于外窗方向采用单灯单控的方式。

诊室一般面积较小，室形指数大，建议采用 LED 光源的吸顶式面板灯，配光均匀。在照明设计时，可考虑在患者座位正上方安装一盏 4000K 的暖白窄光束筒灯，照度控制在 300～500lx，在改善医生观察的同时，也可让患者放松。

治疗室采用冷色调，显色指数 Ra 应等于或大于 80 的光源，以便医生集中精神和注意力。由于考虑到患者有可能仰卧在诊疗床上，设计时应避免使仰卧患者视野内产生直接眩光，为此，宜选用带有遮光板的嵌入式铝格栅灯具。

呼吸科、骨科、牙科等需要看片的诊室以及手术室面向主刀医生的墙面需要配合建筑设置嵌入式的观片灯，控制开关就近设于附近墙面以便使用。

眼科诊室分为明室和暗室。明室照度一般低于其他诊室，建议照度按照 200lx 设计，明室视力检测表及检查仪器设备均配备照明灯具，在检查仪器设备位置预留 2~3 个电源插座。暗室一般需要连续调光照明，使得患者的视觉有一个明暗适应的过程，调光应连续平滑，避免出现频闪现象。

5.2.2　医技部照明设计

大型诊疗设备主要包括 X 光机、CT 机，核磁（MR）及加速器等，其他像 DR、ECT、DSA 等也属于 X 光机和 CT 的类别。以往医疗设备室的照明会顾虑荧光灯对医技设备的干扰，多采用直流电源或白炽灯，但现在的很多设备均有较强的抗干扰能力，一些小型的医技设备（如心电图仪、脑电图仪、医用超声波等）均无特殊照明要求，白炽灯在医院内目前一般仅就耳科测听室和眼科暗室要求必须使用之外，其他房间基本都可以使用荧光灯或 LED 灯作为光源。对于核磁共振扫描室等需要电磁屏蔽的地方仍要用直流电源，照明供电取自医疗设备自带的整流装置。

通常很多医疗设备的使用照度要求在 100~150lx，但为了维护修理及有可能辅助介入手术或治疗，照度要求 300lx，因此，一般医疗设备检查室内照明要分组设置，有时除了采用嵌入式格栅灯外再设置一些筒灯，通过点亮不同的灯具组以满足不同需求，有条件采取调光装置效果会更好。

1. 放射科

放射室的暗室除了设置顶灯外，还应在洗片池上方设置壁装红色工作灯，在门外上部设置红色信号灯。

每间医技设备室在所对公共走道的门框上方都应安装门信号灯，如工作中请勿入内的警示灯：标志灯的开闭应受设备操纵台控制，即医技设备（如X射线机）启动准备工作时警示灯亮，以防止无关人员进入，引起不必要的伤害。

2. 手术室

手术室照明设计主要包括重点照明、一般照明、局部照明、手术信号灯照明及观片灯照明。《建筑照明设计标准》（GB 50034—2013）中要求，手术室功率密度为 $25W/m^2$，照度值为750lx。手术室内无强烈反光，照度均匀度（最低照度值/平均照度值）不宜低于0.7。

1）手术室重点照明为手术无影灯，其在工作面的照度要求随手术类别不同而差别较大。无影灯照明的光源选用应符合以下要求：

① 色温应为中间色，在4000～5000K之间的洁净荧光灯，其显色性应接近自然光，要求显色指数 $Ra>90$。

② 严格限制光源频闪，频闪效应会引起医务人员视觉疲劳，引发视觉错觉。

③ 选用长寿命光源。

综上所述，无影灯光源宜采用色温在4500K左右的卤钨灯。其优点为色温适中、无频闪、寿命长，但缺点为热辐射效果明显、升温快，故应选择具有过滤红外线隔热系统的灯具。灯具宜选用多头型具有后备灯泡自动转换功能的灯组，灯头采用易于更换、清洁的灯头。在各灯头单独设置调光开关。灯具照明光束范围宜为10～25cm，且能按需调节，配光表面不得有光斑，照明聚焦深度不小于15cm。

无影灯也应根据手术室尺寸、手术类型及医生要求进行配置，调平板的位置应在送风面之上，距离送风面不应小于5cm。心胸手术室无影灯电源引自手术室专用配电箱内的隔离变压器。

2）手术室内的一般照明灯供手术准备及清扫时使用。光源色温与无影灯光源的色温相适应，选用T5荧光灯管时，配交流电子整流器。灯具应为嵌入式密封灯具，必须布置在送风口之外，及布置在手术台四周。一般照明灯具其中一盏灯具电源引自楼层应急照明配电箱，在门口设置单联双控开关，火灾时强制点亮。其余灯具电源引自手术室专用配电箱。

3）局部照明为台灯等辅助照明，台灯置于书写台上，电源取自就近插座。

4）手术信号指示灯具安装在手术室外门框正上方，底边距门框顶部 0.2m，手术时点亮。可在手术室内单独设置开关面板手动启闭灯具，也可以与手术室无影灯联锁控制。

5）观片灯应设置在手术台对面墙上且嵌入墙内，不突出墙面，结构应便于更换灯管。灯具高 600mm，安装高度为底边距地 1.1m，采用 5 联式，每联灯光单独控制，开关可设于观片灯下侧的控制面板上。观片机光源采用 T5 荧光灯管，配电子整流器，为保证医护人员读取 X 光片的准确度，屏幕中心最高亮度不宜低于 4200cd/m^2，亮度差异不大于 15%。

另外，在有净化要求的手术室内，不必额外装设紫外线杀菌灯。

3. 核磁共振检查室

核磁设备房间内的管线要采用 PVC 管保护，灯具也应当采用铜、铝、工程塑料等非磁性材料。对于加速器来说，管线保护要采用钢管，管线进入加速器室时要沿路敷设，并在进入加速器室后采取弯折 45° 的措施以防辐射泄漏。对于 X 光机、CT 机等有敷设的设备间，管线都应该采取进入房间后弯折 45° 的措施以防辐射泄漏。

一般将工作标识灯设在 X 光机、CT 机、核磁（MR）及加速器外门的门口上方 0.2m 处，工作标志灯色彩应采用红色，灯的开关和设备主机保持联动。

5.2.3 住院部照明设计

1. 病房照明

病房内的照度标准为 100lx，光源色温小于 3300K。一般选择低色温灯具；病房的床头需设有设备带，其上宜设有床头照明灯开关、电源插座、呼叫信号、对讲电话插座等。考虑到患者的仰卧，灯具带磨砂罩。

灯距地 0.3~0.5m，开关统一设在护士站，由值班护士统一控制。在病房内卫生间旁或门口及病房走廊设夜间脚灯。脚灯的放置位置应尽量避免其灯光直射患者的眼睛。

2. 护士站照明

护士站在工作面的水平照度应满足 300lx，并采用色温较高（5500K）的光源。

3. 住院部走道照明

病房区走廊照明照度一般在 75lx 左右，采用具有防止眩光的灯具嵌入式安装在走廊的吊顶上，躺在病车上的患者不会因目视顶棚裸露的灯管而感到不适，并且灯具的安装尽量避开病房门口，以免影响患者休息。病房午夜后专门由医护人员统一关闭公共区域灯，同时开启脚灯，一旦出现火灾报警信号，与消防联动的公共照明将被强制点亮，供医护人员、患者及家属及时疏散。

5.2.4 呼吸类传染病医院照明设计

传染病医院住院部平面布置应划分污染区、半污染区与清洁区，并应划分洁污人流、物流通道，简称为"三区两通道"，实现医患分流，洁污分流，互不交叉。

针对呼吸类传染病医院和综合性医院的呼吸类传染病区的照明设计，照明灯具的选择及安装应注意如下几点：

1）传染病区的医疗场所应选择不积灰尘的洁净灯具，不得采用格栅灯具。有吊顶的场所，吸顶安装灯具安装缝隙需采取可靠的密封措施。

2）传染病房内与走道需设置夜间照明，宜在护士站统一控制。护理单元走道、房等处灯具，应避免对卧床患者产生眩光，采用漫反射灯具。

3）传染病区内的医疗场所及其他需要灭菌消毒的场所需设置紫外线杀菌灯。由于紫外线灯具对人体有害，因此紫外线杀菌灯与其他用途照明灯具分别用不同的开关控制，其开关应便于识别和操作，安装高度宜为 1.8m。在诊室、走廊等公共场所或有人滞留的场所宜采用杀菌灯或空气灭菌器插座。

4）传染病房的手术室、抢救室、产房、放射或放疗的检查及治疗室、核医学检查及治疗室等用房的入口处应设置工作警示标志灯。

5）隔离病房传递窗口、感应门、感应便器、感应龙头、电动密闭阀等设施需配合预留电源。

6）一些专用的房间如病房床头等将根据医疗工艺设置局部照明，病房床头一床一灯，并在床头控制。

7）手术室、抢救室、重症监护室应设置安全照明，其照度值为一般照明的 100%。

8）传染病医院内应急疏散照明系统应符合《消防应急照明和疏散指示系统技术标准》（GB 51309—2018）的要求。

9）重要的医疗设备机房设置带电池应急灯，1 类医疗场所每个房间至少有一个带电池应急灯。电池备供时间不小于 30min。

5.3 绿色照明

5.3.1 医院光环境设计

1. 人与光环境

医院是一类特殊的公共建筑，其中医院的光环境设计是医院设计的一个重要组成部分，它直接影响医护人员及患者的工作及就医。

科学研究表明，人体昼夜节律的感知首先始于人体的视觉系统；大量的临床环境医学实验表明，照明从正面或反面影响着人的健康。

国际上已经对光照对人体的影响进行了较为深入的研究，研究方向集中于如下几方面：

1）主要评价指标：工作面照度、视场亮度。传统的照明标准以工作面照度作为照明环境的主要评价指标；下一代的照明标准有可能以视场亮度作为照明环境的主要评价指标。

以照度作为主要评价指标的采光系数法虽然简单易行，但是无法完全反映人的主观视觉感受。而亮度评价方法用进入眼睛的光通量替代照射到视觉工作面的光强度，将人的主观因素融合到客观评价体系之中，从而更准确地体现人的视觉感知。

2）视觉主观效应：色彩心理学、场景化照明。人的第一感觉就是视觉，而色彩对视觉的影响最大。科学家发现当色彩作用于大脑时，人的心理和生理都会产生变化。

3）非视觉效应：生理节律、人体心率、血压、行为反应、活力等。目前已有照明公司提供了医院生理节律照明系统。该系统可根据人体的生理节律，利用照明技术调节照度、色温和色彩，以适应人体机能和情绪。

4）光生理效应：对人体内不同类型细胞的刺激和影响、早老性痴呆治疗。

5）光生物安全：蓝光危害、远红外光危害、辐射阈值等。

随着人们对光对人体健康的影响机制的深入研究，光（尤其是 LED 光）的生物安全性、健康光照越来越引起人们的关注。国内已有学者提出构建光健康体系，提出以太阳光为参照物，通过对光谱的深入剖析，研究光通过不同方式作用于人体健康的机理。

2. 病房照明解决方案

HealWell 是一种新的病房照明解决方案，旨在将光的积极调节生物效应与为患者和医护人员创造愉快的氛围结合起来。

病房（尤其是重症监护室等病房）里的患者，他们有可能在白天得不到足够的光线，无法正确调整他们的生物钟。通过补偿阳光进入的不足，模拟晴天逐渐变化的自然光，我们可以同样获得类似于自然光的好处。

5.3.2　照明控制系统

医院内各场所照明控制方式如下：

1）大厅、候诊室、挂号厅、公共走廊、楼梯间、车库等公共场所的照明采用智能控制系统（按照不同时段，分区分回路控制）。

2）多功能空间需要满足不同场景照明控制（多回路）。

3）休息室、储藏室、资料室等短暂停留的区域，需安装人员感应器，保证人离开后30min内，照明灯具能自动关闭。

4）夜间（晚11点至次日清晨5点）室内灯光可以自动调整至50%功率或被有效遮挡。

5）90%的医院办公人员可通过照明控制系统的独立控制满足其个性化需求；90%的患者可以通过照明控制系统的独立控制满足其个性化需求。

医院内照明控制可采用独立控制和智能控制系统相结合的方式，既满足所有区域的照明控制要求，也可以节省一定的初始投资成本和维护运营费用。

1）靠窗区域有充足的阳光，为充分利用自然光，加入日光感应探头，在日光足够提供所需照度时，灯光自动调暗或关闭；当日光不足时，灯光再打开或调亮。

2）在短暂停留的区域（楼梯间、储藏室、清洁室、设备间等），为防止有人缺乏随手关灯节能的习惯，安装人体移动感应装置，人来灯亮，人走后灯自动关闭。

3）医院大厅需加入时钟控制系统，在夜间时大厅灯光自动调节至50%，满足LEED（能源与环境设计先锋）要求；同时，大厅也需要加入日光感应器，在白天日光充足情况下灯光可调暗，降低功耗，达到节能的目的。

4）重要公共区域和病房需采用智能照明控制系统，满足不同场景下的照明控制需求；并且，医护人员和患者可以通过照明控制系统满足其个性化需求。

5）诊室、咖啡厅等区域需加入手动调光，使灯光能够根据工作人员需要调节至最佳的照明情况。

6）病房、会议室、超声、核磁共振、CT等区域，需采用智能照明控制系统，对纳入系统中的照明设备，设置各类照明场景，采用照明控制面板进行一键切换。

第6章 线缆选择及敷设

6.1 线缆选择

6.1.1 导体选择

医院建筑具有负荷容量大、人员密集、火灾危险性高等特点，大型医疗设备对供电回路内阻要求较高，因此选用低电阻率、耐火性能好的导体，对于提高医院建筑节能运行、提高供电可靠性和提高供电质量具有较大意义。相关规范要求人员密集场所，医院建筑二级及以上负荷的供电回路，控制、检测、信号回路，医院建筑内腐蚀、易燃、易爆场所的设备供电回路，应采用铜芯导体。

6.1.2 线缆选择一般要求

线缆的基本结构主要由导体、绝缘、护套组成。

常用绝缘材料（聚氯乙烯（PVC）、交联聚乙烯（XLPE）、乙丙橡胶、硅橡胶、云母等），常用护套材料（聚氯乙烯、聚乙烯、聚烯烃、铜护套、铝护套、铅护套等）。绝缘和护套材料的不同直接影响线缆的电气性能（电压等级、接地型式、绝缘水平、载流量、动热稳定性等）及环境适应性（抗拉、耐冲击、耐腐蚀、耐气候、老化性能、阻燃、耐火、耐辐射、防虫咬等）。

医院建筑用电缆绝缘及护套主要性能要求根据负荷性质以及敷设场所不同主要体现在以下几方面：

1）无卤（W）：燃烧时释出气体的卤素（氟、氯、溴、碘）含量均小于或等于 1.0mg/g 的特性。

2）低烟（D）：燃烧时产生的烟雾浓度不会使能见度（透光率）下降到影响逃生的特性。

3）阻燃（Z）：试样在规定条件下被燃烧，在撤去火源后火焰在试样上的蔓延仅在限定范围内，具有阻止或延缓火焰发生或蔓延能力的特性。

4）燃烧性能：材料燃烧或遇火时所发生的一切物理和化学变化，这项性能由材料表面的着火性和火焰传播性、发热、发烟、炭化、失重以及毒性生成物的产生等特性来衡量。

5）低毒（U）：燃烧时产生的毒性烟气的毒效和浓度不会在 30min 内使活体生物产生死亡的特性。

6）耐火（N）：试样在规定火源和时间下被燃烧时能持续地在指定条件下运行的特性。

6.1.3 线缆阻燃及耐火性能

1. 阻燃及燃烧性能

我国阻燃电缆标准有《阻燃和耐火电线电缆或光缆通则》（GB/T 19666—2019）、《阻燃及耐火电缆 塑料绝缘阻燃及耐火电缆分级和要求 第 1 部分：阻燃电缆》（GA 306.1—2007）和《电缆及光缆燃烧性能分级》（GB 31247—2014），分别提出了阻燃电缆燃烧性能中的阻燃、热释放、低烟、毒性和腐蚀性五大特性指标要求。在燃烧性能指标方面，三个标准体系对燃烧特性要求的侧重点不同。

GB/T 19666—2019 标准对阻燃电缆分为阻燃 A、B、C、D 四个类别，根据燃烧时释放的气体的卤素含量、烟雾浓度以及毒性烟气浓度又增加无卤低烟低毒性能描述。

GA 306.1—2007 标准按燃烧性能等级对阻燃电缆为 Ⅰ 级、Ⅱ 级、Ⅲ 级、Ⅳ 级，每一个等级内，按阻燃性能分为 A、B、C 类。标准中，燃烧等级为 Ⅰ 级、Ⅱ 级时，电缆为无卤低烟阻燃型；燃烧等级为 Ⅲ 级、Ⅳ 级时，电缆为有卤阻燃电缆。

GB 31247—2014 标准是与国际先进标准接轨的产物，标准的分级指标与欧盟阻燃电缆分级标准中电缆燃烧性能 Aca 级判据相同。标准中，B1 级电缆燃烧性能试验方法与欧盟 EN13501-6 标准中电缆燃烧性能分级中的 B2ca 测试方法相同。

GA 306.1—2007 标准规定的燃烧性能要求和指标水平，高于 GB/T 19666—2019 标准水平。与 GB 31247—2014 标准 B1 级燃烧性能要求相比，两者之间各有所长，利于不同的特定场合对阻燃电缆选用。

2. 耐火性能

《阻燃和耐火电线电缆或光缆通则》（GB/T 19666—2019）中耐火电缆试验条件为供火温度为 830℃，供火时间为 90min，经 15min 冷却后线路完整性满足 GB/T 19216.21—2003 要求。

《阻燃及耐火电缆　塑料绝缘阻燃及耐火电缆分级和要求　第 2 部分：耐火电缆》（GA 306.2—2007）中耐火电缆分为Ⅰ（耐火一级）、ⅠA（耐火一级 A 类）、Ⅱ（耐火二级）、ⅡA（耐火二级 A 类）、Ⅲ（耐火三级）、ⅢA（耐火三级 A 类）、Ⅳ（耐火四级）、ⅣA（耐火四级 A 类）八个等级，其中 A 类耐火电缆的供火温度为 950～1000℃，其余等级耐火电缆供火温度为 750～800℃。除此之外，还有对烟毒性能、透光率、线路完整性和耐腐蚀性的要求。

《民用建筑电气设计标准》（GB 51348—2019）对于在民用建筑中敷设的电线电缆，根据其敷设的场所从燃烧性能和耐火性能予以考量，且规定耐火电缆的燃烧性能需满足 B1 级。《建筑设计防火规范》（GB 50016—2014）第 10.1.10 条条文解释要求"阻燃电缆"和"耐火电缆"为符合国家现行标准《阻燃及耐火电缆　塑料绝缘阻燃及耐火电缆分级和要求》GA 306.1～2—2007 的电缆。

6.1.4　医院建筑非消防电缆选择

医院建筑中非消防电缆需充分考虑到火灾时产烟毒性的影响。根据《民用建筑电气设计标准》（GB 51348—2019），人员密集场所电线电缆应选用燃烧性能为 B1 级、产烟毒性为 t1 级、燃烧滴落物/微粒等级为 d1 级的电线电缆。

6.1.5 医院建筑消防电缆选择

消防设备供电电缆，除了满足非消防电缆的要求外，还需满足火灾时连续供电要求。消防设备连续供电时间见表 6-1-1。

表 6-1-1　医院建筑消防用电设备在火灾发生期间最少持续供电时间

消防设备	持续供电时间/min
火灾自动报警装置	≥180
消火栓、消防泵及水幕泵	≥180
消防电梯	≥180
自动喷水系统	≥60
水喷雾和泡沫灭火系统	≥30
CO_2 灭火和干粉灭火系统	≥30
消防应急照明	≥60
防、排烟设备	≥60
火灾应急广播	≥60

民用建筑中发生火灾时，火焰核心温度通常在 650~900℃ 之间，因此消防电缆需选择试验条件为供火温度为 950~1000℃ 的 A 类耐火电缆。为保证火灾时的连续供电要求，不同消防设备的电缆选择要求如下：

1）防排烟设备、火灾应急照明、火灾应急广播的供电电缆需满足连续供电时间为 90min，供火温度为 950℃ 的耐火电缆。电缆需穿金属导管或采用封闭式金属槽盒保护，金属导管或封闭式金属槽盒应采取防火保护措施；此类电缆为满足 GA 306.2—2007 标准的 ⅠA 或 ⅡA 类耐火电缆，同时需达到 GB 31247—2014 燃烧性能 B1 级的要求。

2）消防泵、消防电梯、火灾自动报警设备的供电电缆需满足连续供电时间为 180min，供火温度为 950℃ 的耐火电缆。当采用有机型耐火电缆时，需穿金属导管或采用封闭式金属槽盒保护，金属导管或封闭式金属槽盒应采取防火保护措施；当采用无机型电缆时通常为刚性矿物绝缘电缆（BTTZ）、柔性矿物绝缘电缆（RTTZ）或柔性矿物绝缘电缆（YTTW）。

3）根据《建筑设计防火规范》（GB 50016—2014），当消防设备供电电缆明敷设或与非消防电缆共井、沟敷设时采用矿物绝缘类不燃性电缆，通常为 BTTZ、RTTZ 或 YTTW。

6.1.6 特殊场所线缆选择

1. 洁净手术部

《医院洁净手术部建筑技术规范》（GB 50333—2013）规定，洁净手术部的电源线缆应采用阻燃产品，有条件的宜采用低烟无卤型或矿物绝缘型。

2. 辐射场所

大型医疗影像设备是医院的重要部分，如医用 X 射线设备、医用高能射线设备（X 射线立体定向放射外科治疗系统、医用电子直线加速器、医用回旋加速器、医用中子治疗机、医用质子治疗机等）、医用核素设备（钴 60 治疗机、γ 刀、PECT、SPECT、PET-CT 等）；此类场所中敷设的电缆其护套和绝缘材料在辐射环境下随着时间的推移发生各种缓慢的、不可逆的化学和物理变化，严重时甚至导致电缆安全功能的丧失。

《电力工程电缆设计标准》（GB 50217—2018）要求，在放射线作用场所采用辐照交联聚乙烯绝缘聚烯烃护套低烟无卤阻燃电缆。对放射强度大的场合采用金属护套。

6.2 线缆敷设

6.2.1 布线系统

1. 竖井布线

医院建筑中住院楼，建议一个护理单元设置一个电气竖井。

门诊楼电气竖井可按科室单元进行规划，如科室面积不大可相邻科室共用一个电气竖井，至供电末端距离控制在 60m 以内。

放射科通常会考虑布置多台大型医疗设备，其电缆根数多且敷设路径一致，建议考虑独立敷设通道（包括电缆桥架和竖井）。

电气竖井面积按医院规模及功能模块大小确定，对于大型医院，建议不小于 $6m^2$。

竖井布线的其他要求参见相关规范。

2. 电缆桥架布线

医院建筑中电缆桥架布线除满足常规项目的要求外，还应注意以下特点：

1）医院建筑因存在大量需末端切换供电的负荷，因此其电缆的用量比常规项目多，变配电站房、电气竖井出口电缆桥架规格、数量需有充足的考虑。

2）医院建筑对供电可靠性要求高，对于双电源供电的负荷，可将备用回路电缆和工作回路电缆分桥架敷设。

3）由于医疗项目改建、增加功能、设备的情况较多，考虑到今后扩容的需求，电缆桥架的填充率建议控制在15%以内。

3. 医疗场所线缆敷设其他要求

1）电气管线与医用气体管道之间的最小净距应满足表 6-2-1 要求。

表 6-2-1　电气管线与医用气体管道之间的最小净距

（单位：m）

管线	平行	交叉
绝缘导线或电缆	0.5	0.3
穿有导线的电线管	0.5	0.1

2）病房等患者住院治疗场所宜采用多功能医用线槽布置照明、各种插座、接地端子等电气设施。

3）检验室、实验室宜采用槽盒布线，槽盒可敷设在地面、顶板、柱子表面或墙面上。

4）牙科诊室宜采用地面槽盒或地面穿管的布线方式。

5）为了降低医疗场所局部 IT 系统的容性漏电，2 类医疗场所局部 IT 系统的配电线缆宜采用塑料管敷设，塑料管燃烧性能为

B1 级。

6）为了避免检修维护时对 2 类医疗场所的影响，避免其他场
所的事故引发对 2 类医疗场所安全性，与 2 类医疗场所无关的电气
线路，不应穿越 2 类医疗场所。

6.2.2 特殊医疗场所线缆敷设

1. 洁净场所

1）穿手术室隔墙和楼板的线缆应加保护管，管内应采用不燃
材料密封。进入手术室内的线缆敷设后，管口应采用无腐蚀、不
燃、弹性密封材料封堵。

2）洁净手术室、洁净辅助用房及各类无菌室内不应有明敷管
线。对于暗装的设备，应满足医用净化的要求，如照明灯具，当暗
装时应采用满足净化要求的密闭型灯具，对于消防应急照明灯具，
因没有净化认证，建议采用明装，对安装及穿线孔进行封堵处理。

2. 污染场所

1）污染场所应采取各种措施防止交叉传染。配线的保护管、
母线槽或桥架穿越隔墙处应做密封处理。

2）污染区和半污染区电气管线应暗敷，设施内电气管线的管
口，应采取可靠的密封措施。

3）配电箱、配电主干路由应设在污染区外。

3. 辐射场所

需进行射线防护的房间，
其供电、通信的电缆沟或电
气管线严禁造成射线泄漏，
其他电气管线不得进入和穿
过射线防护房间。

通常进出辐射房间的线
管应采用"S"或"Z"形
弯，避免造成射线的直通，
并进行防火及防辐射密闭封
堵处理。如图 6-2-1 所示，第

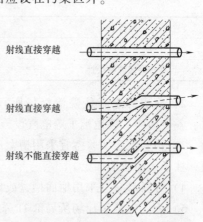

射线直接穿越

射线直接穿越

射线不能直接穿越

图 6-2-1 管线穿越防护墙示意

1 种和第 2 种情况均不符合要求。

　　由于防护墙较厚，套管管径应与电缆外径相匹配，"S"或"Z"形弯的角度需兼顾到电缆转弯半径，且转弯处应进行平滑处理，避免毛刺对电缆护套的影响。

　　对于大型医疗设备，不同设备厂家在供电需求、设备布置上有一定的差别，从而造成布线系统需求上的差异。要求设计在布线系统、预留预埋上要有一定的通用性，以满足至少 3 家医疗设备的布线要求。

　　(1) 直线加速器机房布线措施

　　直线加速器的电源柜、系统控制柜不同厂家有不同的设置要求，如医科达的设备设于检查室内，而瓦里安的设备则设于检查室外的专用机房内。加速器的放置位置及中心定位点均不同，进出机房管线数量不同，相应预留套管的数量也不同。

　　对于设备自带控制、通信线缆通常设于检查室、迷道及控制室的电缆浅沟内，电缆沟穿越防护墙时采用 45° "S" 形弯，如图 6-2-2 所示。通常室内做降板处理，管线安装完成后按防辐射要求回填。

　　对于直线加速器机主机电源线建议在机房吊顶内预埋两根

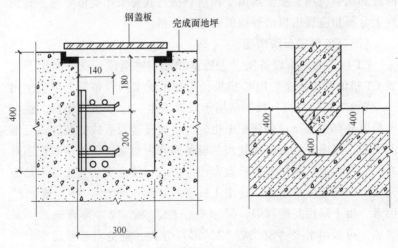

图 6-2-2　直线加速器机房电缆沟示意图

"S" 或 "Z" 形弯套管，以应对不同厂家的需求。对于机房内照明、插座等装修用电及除湿、空调等环境用电，可在吊顶及回填层内各预埋一根刚套管，作为相应设备供电线路的通道，如图 6-2-3 所示。

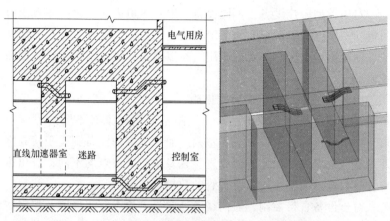

图 6-2-3　直线加速器机房预埋套管剖面示意图

图 6-2-3 中，孔洞仅为示意，具体实施时应结合其他专业孔洞综合排布，原则是避免造成射线的直通。对于其他辐射屏蔽场所如回旋加速器机房、质子重离子加速器机房其可采用类似处理，差别在于分析相应进出机房管线的数量和规格。

（2）CT 机房布线措施

CT 机房通常由设备间、主机室和控制室组成。设备间用于放置 CT 机的配电设备、PDC 机柜、冷却系统室内设备等，主机室用于设置 CT 扫描主机，控制室用于放置医生工作站和操作台。供电电源由外部引入至设备间配电柜。为了使设备及管线安装完成后地面平整，室内通常做降板处理。设备间和主机室、主机室和控制室之间的布线通常采用地面槽盒布线的方式。槽盒安装完成后与地面完成面保持统一水平面。进出主机室的管线、槽盒需 "S" 或 "Z" 形弯。由于降板高度有限，采用垂直 "S" 或 "Z" 形弯通常不易实施，可采用水平 "S" 或 "Z" 形弯方式，避免直通敷设。对于室内照明、插座以及空调系统的配电线管亦采用相同方式处理。管线安装完成后，需由专业单位进线防辐射封堵。

4. 磁屏蔽场所

磁屏蔽典型场所是磁共振（MR）机房，一方面需考虑 MR 自身磁场对其他设备的影响，另一方面需考虑其他设备磁场、工频磁场对 MR 干扰。

（1）MR 设备对敏感人群和设备影响

0.5mT 磁力线对特殊人群有安全影响，为避难 0.5mT 磁力线超出房间对特殊人群的潜在危险，需采用对超出区域做限制进入措施，设置警告标志"严禁有心脏起搏器、胰岛素泵、人工心脏金属瓣膜等配有内阻金属医学装置的患者进入受控区域。"

对磁场敏感设备和系统，需控制设备距 MR 磁体等中心的距离。典型距离要求见表 6-2-2。

表 6-2-2　磁场敏感设备磁通密度及距离限制要求

设　　备	磁通密度范围/mT	最小间距/m	
		X, Y 方向	Z 方向
通风机	20	1.6	2.2
射频滤波器	10	1.8	2.5
磁共振机柜	5	1.9	2.9
小电动机、手表、照相设备、磁数据存储设备	3	2.1	3.2
计算机、硬盘、磁性存储器、示波器	1	2.3	4
心脏起搏器、黑白监视器、X 光管、磁存储介质、胰岛素泵	0.5	2.6	4.6
磁屏蔽彩色监视器	0.3	2.8	5.2
CT 系统	0.2	3.1	5.7
彩色监视器	0.15	3.4	6.1
直线加速器（西门子）	0.1	3.8	6.8
影像增强器、伽马照相机、直线加速器（非西门子）	0.05	4.9	8.2

注：数据来源于西门子 MR 场地设计手册，X 方向为垂直于检查床水平方向，Y 方向为垂直于检查床垂直方向，Z 方向为沿检查床水平方向。

（2）工频磁场对 MR 的影响

工频交流电磁场对 MR 磁场的稳定性会产生一定影响。允许的电磁场干扰源到磁体等中心的最小距离可用表 6-2-3 进行估算。

表 6-2-3　电磁场干扰源与 MR 磁体等中心的距离限制要求

电磁场干扰源	到磁体等中心的安全距离/cm
电缆线	$22.4 \times \sqrt{电流（A）}$
变压器	$39.4 \times \sqrt{容量（kVA）}$
电动机	$91.4 \times \sqrt{容量（kVA）}$

注：数据来源于飞利浦 MR 场地设计手册。

因此在进行医院建筑变配电所规划时，需充分考虑到变电所与 MR 磁体间的距离要求，建议控制在 15m 以外区域。布线系统主干配电桥架尽量避开 MR 磁体间的范围以控制工频磁场对 MR 的影响。MR 磁体间的电气管线、器具及其支持构件不得使用铁磁物质或铁磁制品。进入室内的电源电线、电缆必须进行滤波处理。

（3）动态干扰

运动铁磁物品对 MR 有一定影响，在进行 MR 机房规划时，电气专业可向医疗工艺专业提出相应的建议。运动铁磁物品与 MR 磁体等中心最小距离限制要求见表 6-2-4。

表 6-2-4　运动铁磁物品与 MR 磁体等中心最小距离限制要求

干扰类型	物　体	最小间距/m	
		X, Y 方向	Z 方向
动态干扰	空调、冷却水系统	4	4
	轮椅、担架床	5.5	6.5
	金属物体（小于 200kg）	6	7
	汽车、金属物体（小于 900kg）	6.5	8
	卡车、货物电梯、金属物体（小于 4500kg）	7	9.5
	有轨电车、火车	40	40

注：数据来源于西门子 MR 场地设计手册。

6.3 装配式医院建筑的电缆敷设

6.3.1 一般规定

1）装配式医院建筑的电气设备与管线宜采用集成化技术、标准化设计，当采用集成化新技术、新产品时，应有可靠依据。

2）装配式医院建筑的电气设备与管线宜与主体结构相分离，应方便维修更换，且不应影响主体结构安全。

3）电气设备和管线设计应与建筑设计同步进行，预留预埋应满足结构专业的相关要求，不得在安装完成后的预制构件上剔凿沟槽、打孔开洞等。穿越楼板管线较多且集中区域可采用现浇楼板。

4）当大型机电设备、机电管道等安装在预制构件上时，应采用预埋件固定。

5）装配式建筑的设备与管线穿越楼板和墙体时，应采取防水、防火、隔声、密封等措施，防火封堵应符合《建筑设计防火规范》（GB 50016—2014）的有关规定。

6）装配式建筑设备与管线的抗震设计应符合《建筑机电工程抗震设计规范》（GB 50981—2014）的有关规定。

6.3.2 敷设方式要求及安装方法

1. 公共区域的电气设备和管线安装

1）电气系统的竖向干线及公共区域用电配电箱等，在电气竖井内明设，管道井应布置在现浇楼板区域。

2）配电箱、智能化配线箱不宜安装在预制构件上，宜设置在现浇或砌筑墙体上。

3）除楼梯间外，公共区域的水平线路沿金属槽盒或穿金属导管在吊顶内敷设；引下至墙面开关、设备的竖向管线，当需要暗设时，在梁下引入内隔墙暗设。

4）楼梯间内电气导管可在现浇板内或墙内暗设，预制梯段不宜埋设导管。

2. 房间内的电气设备和导管安装

1）当受条件限制水平导管必须暗埋时，宜结合叠合楼板现浇层及垫层进行设计。

① 在叠合楼板底部灯位（或探测器）处，预埋深型接线盒，其高度应大于叠合楼板预制部分厚度 40mm，并保证导管接续口在叠合楼板现浇层内，如图 6-3-1 所示。

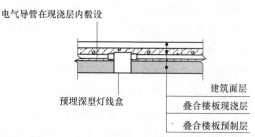

图 6-3-1　叠合楼板内深型灯线盒安装

② 引至高位安装盒（壁挂式空调插座、灯具、开关、探测器）等的水平导管，在顶部叠合楼板现浇层内敷设；引至低位安装盒（电源插座、信息插座、求助按钮等）等的水平导管在地面叠合楼板现浇层内敷设。

2）穿越叠合楼板、叠合梁的电气导管，需在穿越预制构件处预留孔洞或套管。

3）设置在预制构件上的接线盒、导管连接头等应在构件生产时做预留预埋，接线盒和出线口应准确定位。

4）预制墙板内与地面叠合楼板内的电气导管应采用连接头连接，并在其连接处的预制墙板上，预留操作空间，如图 6-3-2 所示。

5）预制墙板内的电气导管通过现浇梁与顶部叠合楼板内导管连接时，可在现浇梁内设置连接头，或在预制墙板顶部预留连接。当管线较为集中时，也可在墙板上方预留操作空间做导管连接。

6）在叠合楼板内敷设的导管应做好综合排布，同一地点严禁 3 根及以上电气导管交叉敷设。

7）不应在预制构件受力部位和节点连接区域设置孔洞及接线

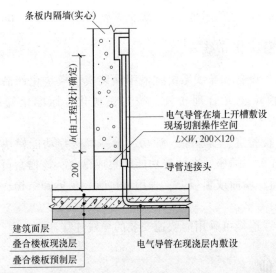

图 6-3-2 电气导管沿地面叠合楼板暗敷引至内隔墙做法

盒，隔墙两侧的电气和智能化设备不应直接连通设置。

3. 电气导管选择和敷设

1）装配式医院建筑布线系统应满足《低压配电设计规范》（GB 50054—2011）的相关要求。

2）预制构件内暗设导管宜选择中型及以上阻燃塑料管（PC）、中型可弯曲金属导管（KJG，现浇混凝土内的可弯曲金属导管应选重型）。阻燃塑料管外径不宜大于 $\phi25mm$，KJG 外径不宜大于 $\phi25.2mm$。

3）电气线路采用导管布线时，直接连接的导管尽量采用相同的管材。预制构件内导管与外部导管的连接应采用标准接口。在预制构件内暗敷设的末端支线，应在预制构件内预埋导管，在现场进行穿线。

4）电气导管暗敷时，外护层厚度不应小于 15mm；消防配电线路暗敷时，应穿管并应敷设在不燃烧结构内，保护层厚度不应小于 30mm。

5）装配式防疫应急医院的非消防线缆宜采用塑料槽盒和刚性塑料导管沿顶或沿墙明敷设方式，便于快速实施。塑料槽盒和刚性塑料导管的燃烧性能不低于 B1 级，导管壁厚不低于 1.6mm。

6.3.3 模块化布线

1）电气设备和布线系统宜采用预装式、模块化产品，并结合建筑功能模块单元合理布置，按照模块化、标准化的原则进行设计。

2）在检验室、实验室、病房、诊室等医疗功能模块内，宜采用集成有开关、插座、布线等功能的集成槽盒，该槽盒可敷设在实验台、柱面、墙面或顶板上，采用可拼装、易拆卸结构，满足各种场合的使用需求。

3）导线连接可采用能快速安装的导线连接器。

6.4 其他

对于医院建筑线缆选择及敷设，应结合医疗场所及医疗设备的特殊性具体分析。相比其他类型建筑，医院建筑具有功能众多、场所类型复杂等特点，而每种场所均有其特殊性和差异性，这就要求针对不同场所的电缆选型和线缆敷设方式，需结合其特点特殊考虑，以确保医疗场所供电安全性和用电安全性。医院建筑建设和运营过程中还具有功能变化、设备变化以及建设前期设备的不确定性等特点，在布线系统的规划上还需充分考虑到调整的灵活性和扩展的便利性。

第7章 防雷、接地与安全防护

7.1 医院建筑物防雷系统

医院建筑物应因地制宜采用防雷措施，防止或者减少雷击建筑物所发生的人身伤亡、财产损失，以及雷击电磁脉冲引发的电气和电子系统损坏或错误运行，做到安全可靠、技术先进、经济合理。

7.1.1 医院建筑物雷击的损害风险分析

医院建筑物遭受雷击的可能造成以下后果：

1）在电气设备中产生雷电过电压，影响供电系统的可靠性、稳定性。

2）医院照明断电导致恐慌。

3）医院设备失效导致治疗中断，救治困难，更有甚者会中断手术造成人员伤亡。

4）火警失效使消防设施延误响应。

5）通信不畅、计算机失效及重要数据丢失。

6）危险的跨步电压危及医务人员及病人的安全。

由于医院建筑功能的特殊性，其遭受雷击后果比一般建筑物要严重得多。设计人员应采取经济合理的防雷保护措施，从而使医院建筑的雷击风险低于可接受的风险容限值。雷击风险评估可以参照《雷电防护　第2部分：风险管理》（GB/T 21714.2—2015）的步骤及方法。

7.1.2 医院建筑的防雷分类

根据《建筑物防雷设计规范》（GB 50057—2010）将医院建筑物划分为三类不同的防雷类别（见表 7-1-1），以便因地制宜采取相应的雷电防护要求和措施。

表 7-1-1 医院建筑物的防雷分类

序号	建筑物类型	防雷类别		
		第一类	第二类	第三类
1	具有 0 区或 20 区爆炸危险环境的建筑物	√	—	—
2	具有 1 区和 21 区爆炸危险场所的建筑物,因电火花而引起爆炸,会造成巨大破坏和人身伤亡者	√	—	—
3	具有 2 区或 22 区爆炸危险环境的建筑物	—	√	—
4	有爆炸危险的露天钢制封闭气罐	—	√	—
5	医院建筑物		$N>0.05$ 次/a	0.05 次/a ≥$N>0.01$ 次/a

注：表中 N 为建筑物的年预计雷击次数，按照 GB 50057—2010 附录 A 式（A.0.1）计算。

爆炸危险环境 0 区在医院建筑物及建筑群基本不会存在，也不建议将 0 区设置在医院建筑物内。设计中可以采用改善通风条件或其他措施来避免 1 区在医院建筑中出现，或采取排风、除尘和设置安全装置的措施将相应区域划分为非爆炸危险区域，故医院建筑物一般为二类或三类防雷建筑物。

7.1.3 医院建筑防雷措施

1. 基本要求

雷电防护措施分为三大类，各类医院建筑物防雷措施配置见表7-1-2。

表 7-1-2　不同防雷类别医院建筑物防雷措施

防雷类别	防雷措施要求
第一类 防雷建筑物	防直击雷
	防闪电电涌侵入
	防闪电感应
	防反击
	防生命危险
	防雷击电磁脉冲
第二类 防雷建筑物	防直击雷
	防闪电电涌侵入
	防闪电感应
	防反击
	防生命危险
	防雷击电磁脉冲
第三类 防雷建筑物	防直击雷
	防闪电电涌侵入
	防反击
	防生命危险
	防雷击电磁脉冲(根据建筑物内设备情况确定)

2. 防直击雷

1）在建筑物屋顶装设接闪网、接闪带、接闪杆或由其混合组成的接闪器作为外部防雷装置，接闪网（带）应沿屋角、屋脊、屋檐和檐角等易受雷击的部位敷设，并应在整个屋面组成相应防雷类别的防雷网格。

2）医院建筑的接闪器、引下线材料宜采用铜、铝、铝合金、热镀锌钢、不锈钢或镀铜钢等材料；并应采用明敷接闪带或者利用屋面金属栏杆等代替明敷接闪带，不应采用暗敷接闪带或利用屋面周边外墙顶部混凝土结构钢筋代替暗敷接闪带，防止雷击点破碎混凝土坠落对院内医护人员、患者及家属等造成意外伤害。

3）医院建筑物优先考虑利用建筑物钢构件或者钢筋作为防雷装置，应将接闪器、引下线以及基础接地极连接成电气贯通通路。

4）外部防雷装置的接地应与防雷电感应、内部防雷装置、电气和电子系统等接地共用接地装置，并应与引入的金属管线做等电位联结。外部防雷装置的专设接地装置宜围绕建筑物敷设成闭合环形，应根据环形接地体的等效面积及建筑物当地土壤电阻率按照规范要求确定是否需要增设垂直接地体。

5）医院建筑物应该采用共同接地系统，应注重防雷接地系统对雷电流的"消散"作用，共用接地装置的接地电阻不能盲目以1Ω作为限值要求，其值应不大于工频电气装置按保障人身安全接地所要求的电阻值。

3. 防侧击

高层建筑物的防侧击和等电位的措施中，除应将外墙上距地等于滚球半径及以上的栏杆、门窗等较大的金属物与防雷装置连接外，还应将外墙装饰幕墙等金属体与防雷装置相连接。

对高度超过45m的第二类医院建筑物或者超过60m的第三类医院建筑物除采取防直击雷的措施外，尚应采取以下防直击雷侧击和等电位的保护措施：

1）对建筑物侧面水平突出外墙的物体，当以相应防雷类别滚球半径球体从屋顶周边接闪带外向地面垂直下降接触到外墙的物体时，应采取相应的防雷措施。

2）高于60m的建筑物，其上部占高度20%并超过60m的部位应防侧击，在此部位各表面上的尖物、墙角、边缘、设备以及显著突出的物体布置接闪器，并应符合对本类防雷建筑物的要求，接闪器应重点布置在墙角、边沿和显著突出的物体上；侧面的外部金属物，当其最小尺寸符合要求时，可利用其作为接闪器；还可利用布置在建筑物垂直边沿处的外部引下线作为接闪器。

3）外墙内外竖直敷设的金属管道及金属物的顶端和底端应与防雷装置做等电位联结。

4. 防闪电感应措施

防闪电感应措施主要针对第二类医院建筑物，第三类医院建筑物无防闪电感应要求如下：

1）医院建筑物内的主要金属物，如设备、管道、构架等，应就近接至防雷装置或共用接地装置上，以防静电感应。

2）医院建筑物内平行敷设金属管道众多，特别是在设备区。要求长金属物如管道、构架、电缆金属外皮等，相互间净距小于100mm时，应每隔不大于30m用金属线跨接；交叉净距小于100mm时，交叉处也应用金属线跨接；但长金属物连接处（如弯头、阀门、法兰盘等）可不跨接。

3）医院建筑物内防闪电感应的接地干线与接地装置的连接不应少于两处。

5. 防反击和闪电涌侵入的措施

为防止雷电流流经引下线和接地装置时产生的高电位，对附近金属物或线路产生反击，应符合以下要求：

1）当金属物或线路与防雷装置之间不相连，或虽相连或通过过电压保护器相连，但其所考虑的点与连接点的距离过长时，金属物或线路所考虑的点与引下线之间在空气中的间隔距离应满足规范要求。

2）当为金属框架的建筑物或钢筋相互连接并电气贯通的钢筋混凝土建筑物时，或当金属物或线路与引下线之间有自然或人工接地的钢筋混凝土构件、金属板、金属网等静电屏蔽物隔开时，金属物或线路与引下线之间的间隔距离可无要求。

3）当金属物或线路与引下线之间有混凝土墙或砖墙隔开时，其击穿强度可按空气击穿强度的1/2考虑；若间隔距离满足不了规范规定时，金属物应与引下线直接相连，带电线路应通过电涌保护器相连。

电涌保护器的设置要求，详见7.1.4节。

6. 防人身伤害

某些情况下，即使医院建筑物综合防雷装置的设计和施工符合规范要求，在建筑物外、临近接地装置引下线附近区域还是可能会对人身产生危害；为保证医院建筑人员的安全，在医院建筑物引下线附近，保护人身安全应采取的防接触电压和跨步电压措施如下：

1）利用建筑物相互连接的钢筋在电气上是贯通且不少于10根柱子组成的自然引下线，作为自然引下线的柱子应该包括位于建筑物四周和建筑物内的。

2）引下线3m范围内，地表层的电阻率不小于$50k\Omega \cdot m$，采用 5cm 厚的沥青或者 15cm 厚的砂砾可以满足这一要求。

3）将外露引下线绝缘，使其具有 100kV，$1.2/50\mu s$ 的冲击耐受电压。

4）用网状接地装置对实现等电位。

5）在引下线 3m 区域范围内，设置物理障碍物限制和警告标志，减少医院内部人员接近危险区域的概率。

7. 防雷等电位连接

医院建筑内的金属物、金属设备（包括管线、设备仪器等）众多，防雷装置和各种金属体之间的间隔距离在医院正常运行（工作、检查、诊断、治疗）的过程中很难保证不会改变。可以将屋内各种金属体及进出建筑物的各种金属管线进行防雷等电位联结和接地，将所有接地装置都直接互相连接起来，使防雷装置与邻近的金属物体之间电位相等或降低其间电位差，形成均压环，防止发生火花放电、防反击。

外部防雷的接地装置应围绕建筑物敷设成环形接地体，对于有地梁建筑物可以通过地梁沿建筑物最外圈接触形成环形接地体，每根引下线的冲击电阻不大于 10Ω，并应和电气和智能化电子系统等接地装置及所有进入建筑物的金属管道相连，此接地装置可以兼作防雷电感应接地之用。

7.1.4 防雷击电磁脉冲

防雷击电磁脉冲的保护系统是对建筑物内部系统，包括电气系统和电子系统的整体保护措施。一套完整的保护系统包括防经导体传来的电涌和防辐射磁场效应。

1. 建筑物的空间屏蔽

医院建筑物屏蔽一般是对整栋建筑、部分建筑或房间所做的空间屏蔽；优先利用钢筋混凝土构件内钢筋、金属框架、金属支撑物以及金属屋面板、外墙板及其安装的龙骨支架等建筑物金属体形成的笼式格栅形屏蔽体或板式大空间屏蔽体。

2. 线路屏蔽

医院建筑物或房间屏蔽、线路屏蔽及以合适的路径敷设线路是有效遏制辐射电磁场，根据不同防雷区（LPZ）的电磁环境要求在其空间外部设置屏蔽措施以衰减雷击电磁场强度；以合适的路径敷设线路及线路屏蔽措施以减少感应电涌；线路屏蔽及合理布线也能有效地减小闪电感应效应。

在医院建筑需要保护的房间区域内或在分开的建筑物之间敷设及引入/出的电力线路及信号线路，当采用非屏蔽电线电缆时应采用金属管道敷线方式，这些金属管道或混凝土管道内的钢筋应是连续导电贯通的，即在接头处应采用焊接、搭接或螺栓连接等措施；并在两端防雷区LPZ交界处（包括入户处）分别做等电位联结到主接地端子上。

3. 合理布线

合理布线能够有效降低线路收到的感应过电压和电磁干扰：

1）电力供电线路和信号线路敷设的路径应与防雷装置引下线采取隔离措施，离防雷引下线的距离宜为2m以上，达不到要求时需加以屏蔽。

2）电力电缆与弱电信号电缆之间应该采取适当隔离，特别是在医院建筑中的大型医疗设备（CT、DR、DSA、直线加速器、回旋加速器、MRI、ECT等）房间的电源线和信号线应避免与医疗设备的电源线贴近敷设，交叉点应该采用直角交叉跨越。

3）医院建筑中对电磁骚扰敏感的医疗设备应该尽量远离潜在干扰源，包括：大型变电站、大电流母线、大功率变频装置、晶闸管、斩波器设备等。为改善电磁辐射的电磁兼容，可以设置电涌保护器（SPD）或者滤波器。

4. SPD 的协调防护

医院建筑物中装设 SPD 的目的是限制内、外部瞬态过电压，分流泄放电涌电流，能够防反击和闪电电涌侵入；通过 SPD 的导通实现带电设施的瞬态等电位联结，保护电气或电子系统免遭雷电或操作过电压及涌流损害。一般操作过电压低于大气过电压，所以，对防大气过电压的要求正常时都覆盖了操作过电压。

配电线路设置的 SPD，应根据工程的防护等级和安装位置（特别是防护区域交界处）对 SPD 的冲击放电电流、标称放电电流、有效电压保护水平、最大持续运行电压等参数进行选择，同时应考虑 SPD 专用保护装置的选择。

对于用于不同等级医院配电线路 SPD 的冲击电流和标称放电电流的参数，宜符合表 7-1-3 的规定。

表 7-1-3 配电线路 SPD 冲击电流和标称放电电流参数推荐值

医院等级	总配电箱		分配电箱	设备机房配电箱和需要特殊保护的电子信息设备端口处	
	LPZ0 与 LPZ1 边界		LPZ1 与 LPZ2 边界	后续防护区的边界	
	（10/350μs）I 类试验	（8/20μs）II 类试验	（8/20μs）II 类试验	（8/20μs）II 类试验	1.2/20μs 和 8/20μs 复合波 III 类试验
	I_{imp}/kA	I_n/kA	I_n/kA	I_n/kA	（U_{OC}/kV）/（I_{SC}/kA）
三级医院	≥20	≥80	≥40	≥5	≥10/≥5
二级医院	≥15	≥60	≥30	≥5	≥10/≥5
一级医院	≥12.5	≥50	≥20	≥5	≥10/≥5

等级为三级的医院考虑到其重要性以及便于后期维护和管理应采用 SPD 智能监测装置，SPD 智能监测装置应具备对 SPD 工作状态及运行参数进行监测的功能，且具备通信接口可实现数据远程传输。SPD 智能监测装置由硬件智能型 SPD 监测模块和软件监控系统组成，具体要求如下：

（1）智能型 SPD 监测模块要求

1）雷击数据监测（雷击次数、雷击时间、雷击波形、雷击峰值、雷击能量信息）、SPD 寿命预判、泄漏电流监测、SPD 电压监测、SPD 专用保护装置状态监测。

2）本地告警功能（寿命告警、SPD 专用保护装置告警、阻性泄漏告警、电压告警）。

3）供电要求采用 220（1±20%）V 供电，无需外置开关电源。

4）结构要求：智能监测模块和电涌保护模块应采用分体式设计，同时电涌模块需具备在线插拔功能，电涌保护模块损坏后只需更换电涌保护模块，无须整体更换。

（2）软件监控系统要求

1）监控系统应具有"计算机软件著作权"。

2）依据《信息安全等级保护管理办法》，具有信息系统安全等级保护备案证明。

3）为便于低压配电系统的运行维护及资产管理，系统应具备基于云平台的远程监管系统。

4）雷击信息显示（雷击次数、雷击时间、雷击峰值）、寿命信息显示。

5）告警显示（寿命告警、SPD专用保护装置告警、阻性泄漏告警、电压告警）。

6）报表统计分析功能/历史记录功能。

（3）SPD智能监测装置系统

SPD的最大持续运行电压不应小于表7-1-4所规定的最小值；在SPD安装处的供电电压偏差超过所规定的10%以及谐波使电压幅值加大的情况下，应根据具体情况对限压型SPD提高表7-1-4所规定的最大持续运行电压最小值。

表 7-1-4　不同系统特征下 SPD 所要求的最大持续运行电压最小值

SPD 接于	配电网络的系统特征				
	TT 系统	TN-C 系统	TN-S 系统	引出中性线的 IT 系统	无中性线的 IT 系统
每一相线与中性线之间	$1.15U_0$	不适用	$1.15U_0$	$1.15U_0$	不适用
每一相线与 PE 线之间	$1.15U_0$	不适用	$1.15U_0$	$\sqrt{3}U_0$[1]	相间电压
中性线与 PE 线之间	U_0[1]	不适用	U_0[1]	U_0[1]	不适用
每一相线与 PEN 线之间	不适用	$1.15U_0$	不适用	不适用	不适用

注：1. U_0 是低压系统相线对中性线的标称电压，在 220/380V 三相系统中即相电压 220V。

　　2. 此表基于按现行国家标准《低压电涌保护器（SPD）第 1 部分：低压配电系统的电涌保护器性能要求和试验方法》（GB 18802.1—2011）做过相关试验的电涌保护器产品。

[1] 故障下最坏的情况，所以不需计及 15% 的允许误差。

（4）SPD 电压保护水平

医院末端设备防环路磁场感应电压和防振荡措施与被保护设备的耐压水平（详见表 7-1-5）和设备两端引线的压降水平有关。

表 7-1-5　220/380V 三相系统各种设备绝缘耐冲击

过电压额定值（1.2kV/50μs 波形）

设备位置	电源进线处或其附近设备	配电线路和分支线路的设备	用电设备	特殊需要保护的设备
耐冲击过电压类别	Ⅳ类	Ⅲ类	Ⅱ类	Ⅰ类
耐冲击过电压额定值/kV	6	4	2.5	1.5

确定从户外沿线路引入的雷击电涌时，SPD 的有效电压保护水平值的选取应符合表 7-1-6 规定。

表 7-1-6　SPD 有效电压保护水平

序号	屏蔽情况	被保护设备距SPD 线路距离	SPD 有效电压保护水平	备注
1	线路无屏蔽	≤5m	$U_{P/F} \leqslant U_W$	考虑末端设备的绝缘耐冲击过电压额定值
2	线路有屏蔽	≤10m	$U_{P/F} \leqslant U_W$	
3	无屏蔽措施	>10m	$U_{P/F} \leqslant (U_W - U_i)/2$	考虑振荡现象和电路环路的感应电压对保护距离的影响
4	空间和线路屏蔽或线路屏蔽并两端等电位联结	>10m	$U_{P/F} \leqslant U_W/2$	不计 SPD 与被保护设备之间电路环路感应过电压

注：U_W—被保护设备绝缘的额定冲击耐受电压（V）；U_i—雷击建筑物时，SPD 与被保护设备之间的电路环路的感应过电压（kV）。

若 SPD 与被保护设备之间沿线路距离太长，一旦雷击产生电涌沿线路传播会产生振荡现象。这种振荡现象会使开路的过电压增加，影响设备正常使用。在此距离内设置 SPD 对设备的保护是有效的。

（5）SPD 专用保护装置的选择

由于 SPD 因劣化或线路发生暂时过电压时会出现短路失效，此时在工频短路流过 SPD 达到某一时刻时，SPD 存在起火、爆炸的风险。因此，为了避免造成配电系统发生火灾，影响配电系统的供电连续性，造成人员和财产的损失，需要给 SPD 支路前端安装低压电涌保护器专用保护装置。

由于传统过电流保护装置（SCPD）无法同时满足以下要求，因此应使用 SPD 专用保护装置，具体对比见表 7-1-7。

表 7-1-7 SPD 专用保护装置与传统 SCPD 功能对比

项　　目		MCB	MCCB	Fuse	专用后备保护
电涌耐受能力		较差	较强	较强	较强
短路分断能力	高短路	较差	较强	较强	较强
	低短路	较差	较差	较差	较强

作为低压 SPD 专用保护装置，应具备如下要求：

1）耐受安装电路 SPD 的 I_{max} 或 I_{imp} 或 U_{oc} 冲击电流不断开。

2）分断 SPD 安装电路的预期短路电流。

3）电源出现暂时过电压（TOV）或 SPD 出现劣化引起流入大于 5A 的危险漏电流（SPD 起火）时能够瞬时断开。

4）应具有中国质量认证中心出具的 CQC 认证证书。

5）额定冲击耐受电压 U_{imp} 为 6kV。

7.2　医院建筑的接地系统

医用建筑的接地分功能接地、保护接地以及两者兼有的接地。其中功能接地包括配电系统接地、信号电路接地；保护性接地包括电气装置保护接地、雷电防护接地、防静电接地。

需要注意的是，电磁兼容性（EMC）接地既有功能性接地（抗干扰），又有保护性接地（抗损害）的含义。

7.2.1　医院建筑物的接地装置

1. 接地装置

医院建筑物的接地装置宜优先利用直接埋入地中或水中的自然接地体，如建/构筑物的钢筋混凝土基础（外部包有塑料或橡胶类防水层的除外）中的钢筋，地下金属件、电缆金属护层、深埋土壤中的金属接地极等。需要注意的是，铝导体和医院建筑内用于输送可燃液体或气体的金属管道、供暖管道、供水、中水、排水等金属管道不应作为接地装置。考虑腐蚀和机械强度要求的埋入土壤中的常用材料的接地体的最小尺寸见表 7-2-1。

表 7-2-1　考虑腐蚀和机械强度要求的埋入土壤
中的常用材料的接地体的最小尺寸

材料	表　面	形　状	最小尺寸				
			直径 /mm	截面积 /mm^2	厚度 /mm	镀层/护套的厚度/μm 单个值	平均值
钢	热镀锌[1]或不锈钢[1][2]	带状[3]	—	90	3	63	70
		型材	—	90	3	63	70
		深埋接地极用的圆棒	16	—	—	63	70
		浅埋接地极用的圆线[4]	10	—	—	—	50[7]
		管状	25	—	2	47	55
	铜护套	深埋接地极用的圆棒	15	—	—	2000	—
	电镀铜护层	深埋接地极用的圆棒	14	—	—	90	100
铜	裸露[1]	带状	—	50	2	—	—
		浅埋接地极用的圆线[4]	—	25[6]		—	—
		绞线	每根 1.8	25		—	—
		管状	20	—		—	—
	镀锡	绞线	每根 1.8	25		1	5
	镀锌	带状[5]	—	50	2	20	40

① 也能用作埋在混凝土中的电极。
② 不加镀层。
③ 例如，带圆边的轧制的带六或切割的带状。
④ 当埋设深度不超过 0.5m 时，被认为是浅埋电极。
⑤ 带圆边的带状。
⑥ 如果有经验，在腐蚀性和机械损伤极低的场所，可采用 16mm^2 的圆线。
⑦ 在目前技术条件下，连续浸镀最大厚度仅为 50μm。

2. 接地装置的导体选择

1) 对接地装置接地体的材料和尺寸的选择，应使其既耐腐蚀又具有适当的机械强度。铝导体不应作为埋设于土壤中的接地极和接地连接导体。

2) 埋入土壤里的接地导体（线），其截面积应按表 7-2-2 确定。

表 7-2-2 埋在土壤中的接地导体（线）的最小截面积

项　　目	有防机械损伤保护	无防机械损伤保护
有防腐蚀保护	铜：$2.5mm^2$ 钢：$10mm^2$	铜：$16mm^2$ 钢：$16mm^2$
无防腐蚀保护	铜：$25mm^2$ 钢：$50mm^2$	

3) 总接地端子应符合以下要求：

① 医院建筑物的总接地端子板宜选用纯铜排或铜板，在采用保护联结的每个装置中都应配置总接地端子，并应将保护联结导体、保护导体（PE）、接地导体和相关功能导体与其连接。

② 医院建筑内各电气系统的接地及防雷接地，除特殊医疗设备有另行规定外，应采用同一接地装置；对于医院建筑群而言，要将两个电气系统的接地在电气上真正分开一般较难做到，故推荐采用共用接地体。这样在经济和技术上都是合理的。采用共用接地体后，各系统的参考电平相对稳定。多个医院工程的实际情况也证明采用共用接地体是解决多系统接地的最佳方案。

③ 共用接地装置的接地电阻应符合其中最小值的要求，各系统无法确定电阻值时，接地电阻按照不大于 1Ω 考虑。

7.2.2　低压电气装置的接地

1. 医院建筑低压配电系统的接地形式

医院建筑配电系统的接地形式严禁采用 TN-C 系统。

采用 TN 系统的医院建筑物供电系统可以向总等电位联结作用以外的局部 TT 系统供电。

变电所不在医院建筑内的配电系统可以采用 TN-C-S 系统，从变配电所至本栋建筑物之间采用 PEN 导体，但进建筑物后应通过总等电位接地端子排将 N 线应与 PE 线分开。总配电柜/箱后的系统为 TN-S 系统。

IT 系统因其接地故障电流小，故障电压很低，不致引发电击、火灾、爆炸等危险，有利于保证医院建筑的供电连续性和安全性。除 2 类医院场所设置了额定剩余电流不超过 30mA 漏电保护器的回路外，在 2 类场所中维持患者生命、外科手术和其他位于"患者区域"范围内的电气装置和供电回路均应采用 IT 系统，医用 IT 系统均要求配置绝缘监视器。

2. 低压电气装置的保护接地

保护接地和保护等电位联结是医院低压电气装置电击防护中保障措施的重要组成部分。对于医院建筑的 TN、TT 和 IT 系统电气设备的外露可导电部分按照各系统接地型式的具体条件和 PE 导线连接。可同时触及的外露可导电部分应单独、成组或者共同连接到同一综合接地装置。

对于 TN 系统，电气装置的外露可导电部分应通过 PE 导体接至装置的总接地端子，该总接地端子应连接至供电系统的接地点。故障回路的阻抗应该满足规范要求。

TT 系统的电气装置，由同一个保护电器保护的所有外露可导电部分，都应通过 PE 保护导体连接到这些外露可导电部分共用的接地极上。多个保护电器串联使用时，且在总等电位联结作用范围外，每个保护电器所保护的所有外露可导电部分都需要符合这一要求。接地电阻应该满足规范要求。

在医院建筑中，采用电气分隔、特低电压（SELV）、非导电场所和不接地的局部等电位联结等防护措施时，外露可导电部分不接地。

7.2.3 等电位联结

每栋医院建筑物内的接地导体、总接地端子和可导电部分均应实施保护等电位联结，包括进入医院建筑物内的金属管道、正常使用时可触及的装置外部可导电结构、医院集中供热和空调系统的金属部分、钢筋混凝土结构的钢筋、进线配电箱（柜）的 PE 母排以及自接地极引来的接地干线。通信电缆的金属护套也应该做保护等电位联结。

为进一步减小医院建筑物内医务人员和患者伸臂范围内可能出现的危险电位差，避免保护导体接触电压超过 50V，且满足防雷和信息系统抗干扰要求，可以在局部范围内设置辅助等电位联结。等电位联结示意图如图 7-2-1 所示。

医院建筑电子设备的接地主要包含信号电路接地、电源接地、保护接地等，原则上，上述接地应采用共用接地系统。医院电子设备的信号地可以是大地，也可以使接地母线、接地端子等功能接地导体，此时信号地为相对于地电位的参考电压。

医院医疗电子设备等电位联结网络的结构形式有 S 型和 M 型或两种结构形式的组合。对于工作频率较低，如 30kHz 以下的医疗电子设备宜采用 S 型联结形式。300kHz 以上的医疗电子设备宜采用 M 型联结形式。SM 混合型适用于医院建筑内安装工作频率在 30~300kHz 之间的医疗电子设备。

典型医疗场所的接地可以参见《医疗建筑电气设计与安装》（19D706-2）。

7.2.4 电磁屏蔽接地

大型医疗设备或系统具有尺寸较大、运输不便、安装相对固定、额定供电电流大（这里特指每相电流大于 16A）等特点，例如 MRI、DR、级联生化分析仪、大功率灭菌器、高压氧舱等，这类设备在试验布置、电缆连接等方面较常规医疗设备更为复杂。医院建筑内的心电图仪、脑电图仪、肌电诱发电位仪等生物电类检测设备和 CT、MRI、PET-CT 等大型医疗影像诊断设备的设备用房应设置电磁屏蔽或采取其他电磁泄漏防护措施。该类诊疗设备用房应做等电位联结，房间内的电气线路应穿金属管保护且金属管两端应接地。

医院电子设备的屏蔽接地可以有效防止其内、外部电磁感应或

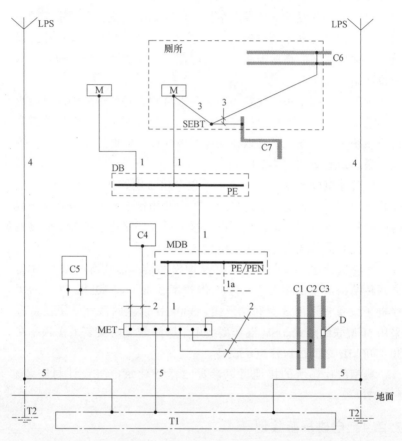

图 7-2-1　接地配置、保护导体和保护连接导体等电位联结示意图

M—电气设备外露可导电部分　C—外部可导电部分，包括 C1～C7　C1—外部进来的金属水管　C2—外部进来的金属排弃废物、排水管道　C3—外部进来的带绝缘插管（D）的金属可燃气体管道　C4—空调　C5—供热系统　C6—金属水管，比如浴池里的金属水管　C7—在外露可导电部分的伸臂范围内的外部可导电部分　MET—总接地端子/母线　MDB—主配电盘　DB—分配电盘　SEBT—辅助等电位联结端子　T1—基础接地　T2—LPS（防雷装置）的接地极（如果需要）　1—PE 导体　1a—来自网络的 PE/PEN 导体　2—等电位联结导体　3—辅助等电位联结导体　4—LPS（防雷装置）的引下线（如果有）　5—接地导体

静电感应的干扰。屏蔽接地能够把金属屏蔽体上感应的静电干扰信号直接导入地中，减少电磁感应的干扰和静电耦合，保证人身安

全，能够防止形成环路产生环流引发的磁干扰。屏蔽室的接地应在进线口处做一点接地，如图 7-2-2 所示。

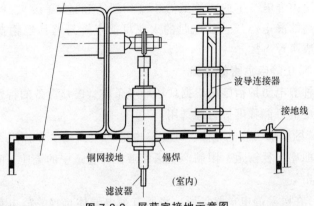

波导连接器

接地线

铜网接地   锡焊

滤波器   （室内）

图 7-2-2　屏蔽室接地示意图

当医院电子设备采用多芯线缆连接，且工作频率 $f \le 1 \mathrm{MHz}$，其长度 L 与波长 λ 之比 $L/\lambda \le 0.15$ 时，其屏蔽层应采用一点接地。

当 f 大于 $1 \mathrm{MHz}$、$L/\lambda > 0.15$ 时，应采用多点接地，并使接地点间距离 $S \le 0.2\lambda$，如图 7-2-3 所示。

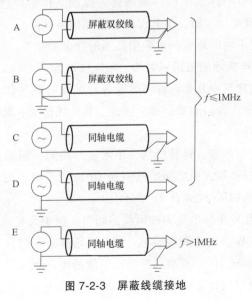

A　屏蔽双绞线

B　屏蔽双绞线

$f \le 1 \mathrm{MHz}$

C　同轴电缆

D　同轴电缆

E　同轴电缆　$f > 1 \mathrm{MHz}$

图 7-2-3　屏蔽线缆接地

7.2.5 防静电接地

医院内静电产生的能量虽然小（一般不超过 mJ 级），但可能产生较高的静电电压，放电时的火花可能点燃易燃易爆物造成事故，造成医疗事故。

1. 防止静电危害的措施

各种静电防护措施应根据现场环境条件、医疗设备的特性以及发生静电的可能程度等合理选用。

1）尽量采用静电导体，减少静电荷产生；减少摩擦阻力，如采用大曲率半径管道，限制产生医疗液体在管道中的流速，防止飞溅、冲击等。

2）在医院静电危险场所，将所有静电导体接地，静电荷尽快消散。金属物体应采用金属导体与大地做导通性连接；金属以外的静电导体及亚导体应做间接静电接地；静电非导体除做间接静电接地，尚应配合其他的防静电措施。

3）屏蔽或分隔屏蔽带静电的物体，并将屏蔽体可靠接地。

4）改善带电体周围的环境条件，控制气体中可燃物的浓度，增加房间通风换气次数，使其保持在爆炸极限以内。

5）根据不同的环境，可采用适当的静电消除器。

2. 防静电接地的范围和做法

1）医院建筑中凡是贮存、运输各种医疗可燃气体，易燃液体和粉体的设备、容器和管道都应接地。接地线必须有足够的机械强度，连接良好。

2）医院洁净室、计算机房、手术室等房间一般采用接地的导静电地板。当其与大地之间的电阻在 $10^6\Omega$ 以下时，则可防止静电危害，其接地如图 7-2-4 所示。

在有可能发生静电危害的医院房间里，医护人员应穿导静电鞋（例如皮底或导静电橡胶底鞋），并应使导静电鞋与导静电地板之间的电阻保持在 $10^4\sim10^6\Omega$。医院建筑防静电接地安装示意图参见《医疗建筑电气设计与安装》（19D706-2）。

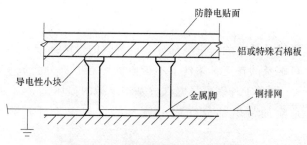

防静电贴面

铝或特殊石棉板

导电性小块

金属脚   铜排网

图 7-2-4　防静电地板接地示意图

7.3　安全防护系统

7.3.1　基本要求及措施

医院建筑的电气装置，在使用的过程中需要采取适当措施，避免患者、医务人员等受到直接和间接的电击伤害。

医院建筑的电气安全主要是为满足医疗诊治工艺流程不间断、避免宏电击与微电击对患者和医护人员的人身伤害、保护医院重要设备资产以及预防医院特殊诊疗场所的电气火灾隐患。根据 IEC 60364-7-710 与 JGJ 312—2013 标准，医院建筑的电气安全防护按使用接触部件的部位及场所，分为 0 类、1 类、2 类，各类应符合下列规定：

1）0 类场所：不使用有与人体接触的接触部件的医疗电气设备。

2）1 类场所：使用有与人体表面接触或进入人体内的接触部件（2 类场所除外）的医疗电气设备。

3）2 类场所：使用将接触部件用于诸如心内诊疗术、手术室以及断电将危及生命的重要治疗的医疗电气设备。

具体详见《医院建筑电气设计规范》（JGJ 312—2013）。

医院建筑电击防护的基本原则是在正常条件及单一故障情况下，危险的带电部分不应是可触及的，而且可触及的可导电部分不应是危险的带电部分。发生下列任一情况，均认为是单一故障：

1）可触及的非危险带电部分变成危险的带电部分。

2）可触及的在正常条件下不带电的可导电部分变成了危险的带电部分（如由于外露可导电部分基本绝缘的损坏）。

3）危险的带电部分变成可触及的（如由于外护物的机械损坏）。

医院建筑用电应同时采用基本防护（直接接触防护）和故障防护（间接接触防护）。当1类和2类医疗场所采用安全特低电压系统（SELV）或保护特低电压系统（PELV）时，应满足以下要求：

1）标称的供电电压不应超过交流25V和无纹波直流60V。

2）应为带电部分设置遮挡物，或对带电部分加以绝缘的保护措施。

3）2类医疗场所的设备外露可导电部分（如手术室照明灯）应与等电位联结导体连接。

基本防护（直接接触防护）较为简单明确，是指带电部分有绝缘层、遮拦或外护物（外壳）作为防护物。

7.3.2　医院建筑的故障防护

1．自动切断电源

1类和2类医疗场所应设置防止接地故障（间接接触）电击的自动切断电源的保护装置。IT、TN、TT系统的约定接触电压限值不应超过25V；TN系统的最大切断时间，230V应为0.2s，400V应为0.05s。

2．TN系统的电击防护

1）医疗场所配电的接地形式严禁采用TN-C系统。

2）1类医疗场所中额定电流不大于32A的终端回路，应采用剩余动作电流不超过30mA的剩余电流动作保护器（RCD）作为附加防护。

3）在2类医疗场所区域内，TN系统仅可在下列回路中采用不超过 30mA 的额定剩余电流，并具有过电流保护的 RCD：手术台驱动机构供电回路、X 射线设备供电回路、额定功率大于 5kVA 的设备供电回路、非生命支持系统的电气设备供电回路。

4）应确保多台设备同时接入同一回路时，不会引起 RCD 误动作。

5）1 类和 2 类医疗场所应选择安装 A 型或 B 型 RCD，2 类医疗场所的 RCD 应采用电磁式。

A 型和 B 型 RCD 是针对传统的 AC 型 RCD 的，AC 型是专对突然施加或缓慢上升的剩余正弦交流电流进行剩余电流保护的 RCD，A 型 RCD 是对突然施加或缓慢上升的剩余正弦交流电流和脉动直流进行保护，B 型除了可以对突然施加或缓慢上升的剩余正弦交流电流和脉动直流进行剩余电流保护外，还可对直流进行保护，具体选型详见表 7-3-1。

表 7-3-1　各型 RCD 按剩余电流波形选择表

电流波形名称	电流波形图示	RCD 类型		
		AC 型	A 型	B 型
交流正弦波	～	√	√	√
脉动直流波			√	√
突然施加的脉动直流波			√	√
脉动直流和平滑直流叠加波			√	√
平滑直流波				√

注："√"表示适用。

医院电气设备中含有大量的电子元器件，如 UPS、变频器、LED 光源、医疗设备（X 光机、CT 机、核磁共振成像设备、电子加速机等），这些电子元器件会在电气系统中产生大量的谐波及直流分量，会造成 AC 型 RCD 拒动作的情况。

6）剩余电流监视器（RCM）及宽频 A 型或 B 型 RCD 的应用。

1 类医疗场所监护病房、产房、心电图室、血液透析室等同时还存在不少非工频电气设备，常规工频 RCD 可能无法实现保护功能。

① 医院 1 类场所常见负载频率：

电动机驱动变频器额定频率：0~400Hz；

LED 电源频率：40~499.9Hz；

整流逆变器频率：1~4kHz（大型整流电源 8kHz）。

② 医疗设备用电频率：

呼吸机变频：15/20 次/min（非工频，不可断电）；

血透设备的伺服电动机控制器：220V，1~50Hz 变频（非工频，不可断电）；

监护仪器装置开关电源整流 220/380V，50Hz 转 DC 3~12V（含 6mA 以上直流分量）。

实验证明，当普通工频 RCD 监测谐波泄漏电流时，额定响应值会以谐波倍数滞后。当超过 5 次谐波，50Hz/60Hz 工频 RCD 无法监测相应泄漏电流做出保护动作。

虽然我国的规范中对于剩余电流监视器（RCM）在医疗场所的应用并无明确要求，但在 IEC 标准中可以看到相关要求。IEC 60364-7-710：CDV 中规定：在 1 类或 2 类医疗场所中，应使用符合 IEC 62020 标准的 RCM，任何明显的绝缘能力降低都应报告给用户和技术人员。当使用 RCM 时，应根据可能产生的故障电流选择 RCM 类型。医院 1 类场所应当设置 A 型额定频率 15~2000Hz 或 B 型额定频率 0~2000Hz 的 RCM，满足监测场所内使用的医疗设备所采用的电源系统、变频系统所产生的宽频泄漏电流。RCM 可以根据负载特性选择 10mA、30mA 或者其他适配的漏电监测响应值。RCM 接线示意图如图 7-3-1 所示。

RCM 是用来监视电气装置中的剩余电流，并在带电导体与外露可导电部分或地之间的剩余电流超过预定值时发出报警信号。

RCM 与 RCD 的主要技术区别见表 7-3-2。

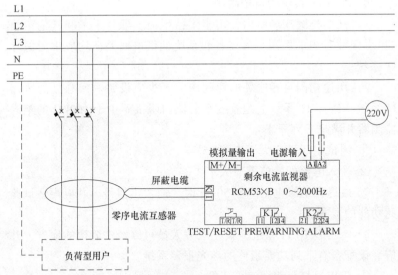

图 7-3-1　剩余电流监视器（RCM）接线示意图

表 7-3-2　RCM 与 RCD 的主要技术区别

功　能	RCM	RCD
动作/脱扣	可视信号显示,包括声音报警、报警触点、数字界面	切断电源
动作时间	动作时间 0~10s 可调,动作时间仅与 $I_{\Delta n}$ 有关	动作时间应按照 $I_{\Delta n}$,$2I_{\Delta n}$,$5I_{\Delta n}$ 标准时间特性确定
动作值/脱扣值	动作值可固定或可调节,调节可有级或无级	脱扣值固定或有级调节
动作电压与电源电压相关性	RCM 与电源电压相关	A 型 RCD 既可与电源电压相关,也可与电源电压无关 B 型 RCD 一般与电源电压相关
剩余电流值显示	有剩余电流显示功能	无剩余电流显示功能
多通道器件	为多通道器件	为单通道器件

3. TT 系统的电击防护

1 类和 2 类医疗场所内,上述 TN 系统的要求也适用于 TT 系统,并且要求 TT 系统所有用电负荷均应采用 RCD 保护。

4. 医用 IT 系统的电击防护

1）在 2 类医疗场所内，用于维持生命、外科手术和其他位于"患者区域"内的医用电气设备和系统的供电回路，均应采用医疗 IT 系统。

2）用途相同且相毗邻的房间内，至少应设置一回独立的医疗 IT 系统。医疗 IT 系统应配置一个交流内阻抗不少于 100kΩ 的绝缘监测器并满足下列要求：

① 测试电压不应大于直流 25V。

② 注入电流的峰值不应大于 1mA。

③ 最迟在绝缘电阻降至 50kΩ 时，应发出信号，并应配置试验此功能的器具。

3）每个医用 IT 系统应设在医务人员可以经常监视的地方，并应装设配备有下列功能组件的声光报警系统：

① 应以绿灯亮表示工作正常。

② 当绝缘电阻下降到最小整定值时，黄灯应点亮，且应不能消除或断开该亮灯指示。

③ 当绝缘电阻下降到最小整定值时，可音响报警动作，该音响报警可解除。

④ 当故障被清除恢复正常后，黄色信号应熄灭。

4）医疗 IT 隔离变压器的选用。

① 医疗 IT 隔离变压器应紧靠医疗场所内或邻近处，并安装于柜内或外防护物内，其二次侧额定电压 U_n 不应超过交流 250V。

② 医疗 IT 隔离变压器应符合《变压器、电抗器、电源装置及其组合的安全 第 16 部分：医疗场所供电用隔离变压器的特殊要求和试验》（GB/T 19212.16—2017）规定，并要求空负荷时出线绕组测得的对地泄漏电流和外护物的泄漏电流均不应超过 0.5mA。

③ 医疗 IT 系统应采用单相变压器，其额定输出容量不应小于 0.5kVA，但不应超过 10kVA。

④ 医疗 IT 隔离变压器应装设过负荷和过热的监测装置，显示具体值最佳。温度传感器建议采用 NTC，防止 PTC 陶瓷管长期老化龟裂失效。

⑤ 医疗 IT 隔离变压器的专业名称：单相不接地非短路保护隔离变压器，须符合 IEC 61558-2-15 的严格要求。其主要参数见表 7-3-3。

表 7-3-3　医疗 IT 隔离变压器主要参数

参　数	数　值
4.2kV 耐压	60s
冲击电流	12 倍额定电流
空负荷泄漏电流	≤0.1mA
输出侧中性线对地电压	PV0 = 0
噪声	<35dB
热敏电阻	NTC 实测进行温度保护
温升(室温 25℃)满负荷	≤63℃

⑥ 医疗 IT 隔离变压器须满足传统变压器的基本参数，4.2kV/60s 耐压与 12 倍冲击电流测试检测变压器基本安全性能，同时也决定了医用 IT 隔离变压器不允许采用铝线绕制的变压器，须采用铜线绕制。

⑦ 直观的考察医疗 IT 隔离变压器其他电气性能的重要指标就是噪声与温升，合格的医用 IT 隔离变压器的转换效率为 95% ~ 97%。损耗的电能转化为了动能与热能。严格控制噪声和温升这两个核心参数可以确保医用隔离变压器无论是铁损、铜损、转换效率等参数能够达到标准要求。

5）医用绝缘监测装置（IMD）的选用。

① 医用 IMD 能监测 IT 系统对称和非对称对地的绝缘电阻，当系统对地电阻降低至预定值以下时报警。

② 医用 IMD 须符合 IEC 61557-8 中附件 A 医用绝缘监测装置的要求。其主要参数见表 7-3-4。

表 7-3-4　医用 IMD 的主要参数

测量电压	<±12V
测量电流	≤0.1mA
测量精度	±5%
对地耦合电阻	>1MΩ
响应值范围	≤1MΩ

③ 医用 IMD 是专为医疗 2 类场所服务的核心装置，其电气性能须满足 2 类场所的实际应用需要，不仅仅对变压器后端线路监测，同时须对后端所有负荷进行监测，确保 2 类场所的电气绝缘性能完全满足对地泄漏电流 ≤5mA（IEC 60601-1 中明确的对地泄漏电流阈值）相对应 >50kΩ 的绝缘值。在 2 类场所中，我们不仅仅使用单纯交流系统，同时使用大量的整流变频的电源系统为医疗设备供电，所以医用 IMD 须能够监测交流、直流和交直流混合系统。IMD 须采用交流脉冲注入测量技术，测量电压须 ≤±12V。

④ IMD 的测量电流本身是额外叠加在系统中的 0~5Hz 低频脉冲电流，通过 IMD 的高阻接地形成测量回路。医用 IT 隔离电源系统对泄漏电流进行了严格要求，5mA 的一次故障，10mA 的脱扣值。辅助监测装置的测量电流过大会造成系统自身泄漏电流过大的缺陷。按照目前实际技术水平，多数满足医用绝缘监测的测量电流 ≤0.1mA。

⑤ 在线 IMD 通过高阻接地形成测量回路，对地耦合电阻越大，电气系统越安全。

6）用于 2 类医疗场所的医疗 IT 系统的插座回路，在患者治疗的地方，如床头，应配置如下的插座：

① 至少由两个独立回路供电的多个插座。

② 每个插座各自装设过电流保护。

③ 当同一个医疗场所内有插座自其他接地系统（TN-S 或 TT）供电时，接到医疗 IT 系统的插座结构应能防止将它区别于其他接地系统的电气设备，或有固定而明晰的标志。

7.3.3　2 类医疗场所"模块化一体柜"

参照 IEC 60364-7-710 与《医院洁净手术部建筑技术规范》（GB 50333—2013），为了确保 2 类医疗场所的电气安全运行，规范要求采用三个主要核心部件：

1）PC 级自动切换双电源。

2）UPS 以及 30min 或 60min 电能储备。

3）医用 IT 隔离电源以及专业配电。

在医院的 2 类医疗场所建设过程中，会遇到双电源柜、UPS、电池柜以及医用 IT 隔离电源配电柜几大设备，设计选型、采购、安装、使用培训都面临很复杂的过程。若采用常规设备，将占用较多面积，设备总重量也较大。故建议采用"模块化一体柜"，设备总重量及占用面积大大交底，设备的匹配性及安全性也更高。

手术室"模块化一体柜"配电系统图如图 7-3-2 所示（见书后插页）。

实际配置如下：10kVA 单进单出 UPS、30min 锂电池模块、10kVA 医用隔离电源及配电系统。

第8章 火灾自动报警及消防控制系统

8.1 概述

火灾报警及消防控制系统是医院建筑电气系统的一个重要组成部分，同时火灾报警及消防控制系统也属于医院建筑的消防设施。系统由火灾探测报警装置、触发装置、联动装置和其他辅助功能装置组成。系统在火灾初期，通过火灾探测器探测发现火灾燃烧产生的烟雾、热量、火焰等物理量，并转变为电信号传输到火灾报警控制器；联动报警和其他消防设置，以声和（或）光的形式在相关区域和楼层报警进行疏散，根据火灾发生的部位联动灭火和防排烟等设备，扑灭初期火灾和引导人员疏散，最大限度地减少因火灾造成的生命和财产的损失。

在医院设计中，应该严格执行国家规范要求，针对医院建筑的特点合理的设置火灾自动报警及消防控制系统。

火灾自动报警系统是一种自动化消防设施，是以实现火灾的早期探测和报警、根据预先编制的程序向各类消防设备发出联动控制信号并能接收、显示所有消防相关设备的运行、反馈、故障信号，进而实现预定消防功能为其主要任务。火灾自动报警系统组成示意图如图8-1-1所示（见书后插页）。

1. 火灾探测报警系统

火灾探测报警系统是实现火灾早期探测并发出火灾报警信号的系统，一般由触发器件（各类火灾探测器、火灾手动报警按钮）、声和/或光报警器、火灾报警控制器及其信号、控制线缆等组成。

触发器件包含自动和手动两种，其中各类火灾探测器属于自动触发器件，手动火灾报警按钮属于手动触发器件。

声和/或光报警器是一种用以发出区别于周围环境声和光的火灾警示信号的装置，告知和警示火灾相关区域内的所有人员火灾的情况。

火灾报警控制器是火灾探测报警系统的核心组成部分。火灾报警控制器具有向火灾探测器提供持续稳定的电源，监视触发器、声和/或光报警器及系统本身的工作状态，接收、编译、处理、存储火灾探测器输出的报警信号，执行相应控制任务等功能。

2. 消防联动控制系统

消防联动控制系统是接收火灾报警信号，按预先设置的逻辑完成各项消防功能的控制系统。

消防联动控制系统由消防电话设备、消防应急广播设备、消火栓按钮、消防电气控制装置（气体灭火控制器、防火卷帘控制器、防排烟控制器、消火栓水泵控制器等）、消防控制室图形显示装置、消防联动控制器等组成。

医院消防联动控制的对象主要包含以下设施：各类自动灭火设施、消防水泵、通风及防排烟设施、防火卷帘、防火门、电梯、非消防电源切断、火灾应急广播、火灾警报、火灾疏散照明、火灾疏散指示等。

3. 可燃气体探测报警子系统

可燃气体探测报警子系统属于火灾预警系统，是火灾自动报警系统的独立子系统。

可燃气体探测报警子系统由可燃气体探测器、声和/或光警报器、可燃气体报警控制器等组成。发生可燃气体泄漏时，可燃气体报警控制器驱动安装在保护区域现场的声和/或光报警器发出报警，告警人员采取相应的处置措施排除火患，控制关断可燃气体管道切断阀并联动相关事故排气风机起动或调整至高速运行状态等，防止可燃气体进一步泄漏并造成更大的火灾、爆炸等隐患。

4. 电气火灾监控子系统

电气火灾监控子系统是为了避免因线路短路、过负荷、漏电、接触电阻过大等因素导致电气火灾发生而设置的预警系统，是火灾自动报警系统的独立子系统。

电气火灾监控子系统由电气火灾监控设备、终端探测器及监控器（剩余电流式电气火灾探测器、测温式电气火灾探测器）等组成。

当电气设备系统中的电流、温度等参数发生异常或突变时，终端探测器利用电磁感应、温度变化对该信息进行采集并传输至监控器及监控设备，经放大、数/模转换、计算机分析对信息进行分析判断，与预设值进行比较，发出预警或报警信号。消防控制室内的值班人员根据以上显示的信息，到相应探测器的事故现场进行检查、处理。

5. 消防设备电源监控子系统

消防设备电源监控子系统用于监控消防设备电源工作状态，在电源发生过电压、欠电压、过电流、断相等故障时能发出报警信号的监控系统，是火灾自动报警系统的独立子系统。

消防设备电源监控子系统由消防设备电源状态监控器、电压传感器、电流传感器、电压/电流传感器等部分或全部设备组成。

消防设施的电源是否可以可靠、稳定地工作，是建筑物消防安全的重要先决条件。在上海市地方标准《上海市民用建筑电气防火设计规程》（DGJ08-2048-2016）中，电气防火等级为一级的公共建筑应设置消防设备电源监控系统，电气防火等级为二级的公共建筑宜设置消防设备电源监控系统，并对需要设置监测的部位进行了具体的规定。国家标准图集《火灾自动报警系统设计规范》（14X505-1）图示中，也对本系统在配电箱中的系统图、接线图和设备选型做了具体阐述。以上两个规范和图集可以作为各位设计师在进行本系统设计时的参考和依据。

6. 防火门监控系统

防火门监控系统是负责监测所有位于疏散通道的防火门开启、关闭及故障状态并在消防应急疏散时能够联动关闭常开防火门的控制系统。防火门监控系统由防火门监控器、现场电源、防火门控制器、电磁释放器、闭门器、门磁开关等组成。

8.2 医院建筑火灾自动报警系统设计

8.2.1 一般规定

医院建筑中弱势群体（患者）多、易燃易爆物品（医用氧气、医用酒精）多，大于 200 床位的医院门诊楼、病房楼、手术部等；净高大于 2.6m 且可燃物较多的技术夹层，净高大于 0.8m 且有可燃物的闷顶或吊顶内；二类高层医院建筑内建筑面积大于 $50m^2$ 的可燃物品库房和建筑面积大于 $500m^2$ 的营业厅；一类高层医院建筑；设置机械排烟、防烟系统、雨淋或预作用自动喷水灭火系统、固定消防水炮灭火系统、气体灭火系统等需与火灾自动报警系统联锁动作的场所或部位应设置火灾自动报警系统，其余场所宜设置火灾自动报警系统。

火灾自动报警系统应设有自动和手动两种触发装置。

8.2.2 报警区域的划分

报警区域应根据防火分区或楼层划分，可将一个防火分区或一个楼层划分为一个报警区域，也可将发生火灾时需要同时联动消防设备的相邻几个防火分区或楼层划分为一个报警区域。

下列场所应单独划分探测区域：

1）敞开或封闭楼梯间、防烟楼梯间。

2）防烟楼梯间前室、消防电梯前室、消防电梯与防烟楼梯间合用的前室、走道、坡道。

3）电气管道井、通信管道井、电缆隧道。

4）建筑物闷顶、夹层。

8.2.3 系统设计要求

1. 区域报警系统设计要求

1）系统应由火灾探测器、手动火灾报警按钮、火灾声光警报器及火灾报警控制器等组成，系统中可包括消防控制室图形显示装置和指示楼层的区域显示器。

2）火灾报警控制器应设置在有人值班的场所。

3）系统设置消防控制室图形显示装置时，该装置应具有传输规定的有关信息的功能；系统未设置消防控制室图形显示装置时，应设置火警传输设备。

区域报警系统示意图如图 8-2-1 所示。

2. 集中报警系统设计要求

1）系统应由火灾探测器、手动火灾报警按钮、火灾声光警报器、消防应急广播、消防专用电话、消防控制室图形显示装置、火灾报警控制器、消防联动控制器等组成。

2）系统中的火灾报警控制器、消防联动控制器和消防控制室图形显示装置、消防应急广播的控制装置、消防专用电话总机等起集中控制作用的消防设备，应设置在消防控制室内。

3）系统设置的消防控制室图形显示装置应具有传输规定的有关信息的功能。

集中报警系统示意图如图 8-2-2 所示。

3. 控制中心报警系统设计要求

1）有两个及以上消防控制室时，应确定一个主消防控制室。

2）主消防控制室应能显示所有火灾报警信号和联动控制状态信号，并应能控制重要的消防设备；各分消防控制室内消防设备之间可互相传输、显示状态信息，但不应互相控制。一般情况下，整个系统中共同使用的水泵等重要的消防设备可根据消防安全的管理需求及实际情况，由最高级别的消防控制室统一控制。

3）系统设置的消防控制室图形显示装置应具有传输规定的有关信息的功能。

控制中心报警系统示意图如图 8-2-3 所示。

8.2.4 消防控制室

具有消防联动功能的火灾自动报警系统的保护对象中应设置消防控制室。

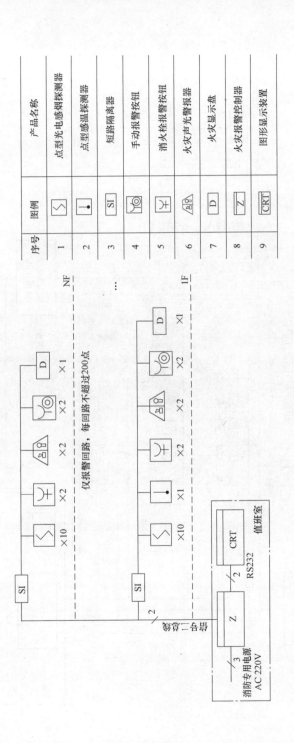

序号	图例	产品名称
1	$\boxed{\text{S}}$	点型光电感烟探测器
2	$\boxed{\text{I}}$	点型感温探测器
3	SI	短路隔离器
4	$\boxed{\text{Y}}$	手动报警按钮
5	$\boxed{\text{Y}}$	消火栓报警按钮
6	$\boxed{\text{B}}$	火灾声光警报器
7	D	火灾显示盘
8	Z	火灾报警控制器
9	CRT	图形显示装置

图 8-2-1　区域报警系统示意图

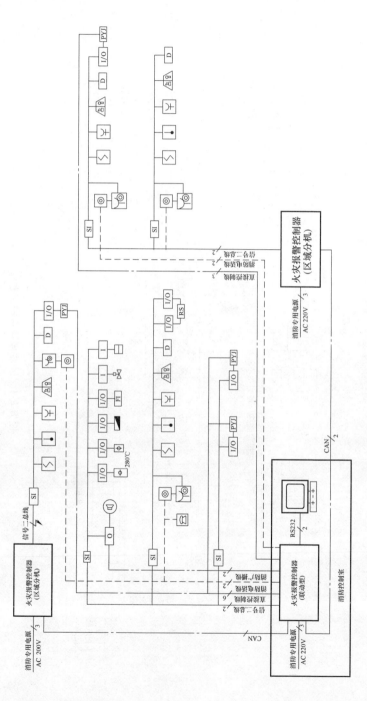

图 8-2-2 集中报警系统示意图

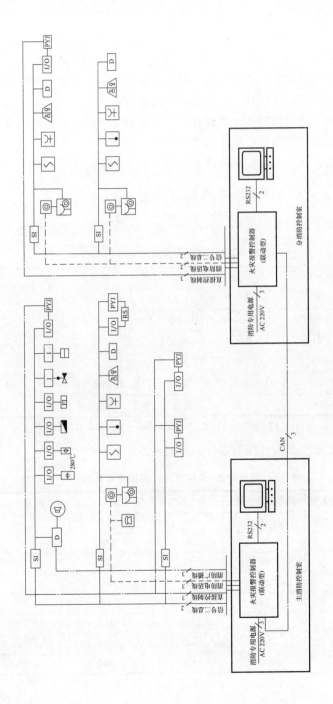

图 8-2-3　控制中心报警系统示意图

第 8 章　火灾自动报警及消防控制系统

消防控制室内设置的消防设备应包括火灾报警控制器、消防联动控制器、消防控制室图形显示装置、消防专用电话总机、消防应急广播控制装置、消防应急照明和疏散指示系统控制装置、消防电源监控器等设备或具有相应功能的组合设备。

可运用物联网和大数据技术，全时段、可视化监测消防安全状况，强化对其消防设施运行管理情况的动态监测。

物联网火灾防控系统框架图如图 8-2-4 所示。

8.2.5 火灾探测器的选择与设置

对于不同高度的房间，按表 8-2-1 选择点型火灾探测器。

表 8-2-1 点型火灾探测器保护类别

房间高度 h/m	点型感烟火灾探测器	点型感温火灾探测器			火焰探测器
		A1、A2	B	C、D、E、F、G	
12<h≤20	不合适	不合适	不合适	不合适	合适
8<h≤12	合适	不合适	不合适	不合适	合适
6<h≤8	合适	合适	不合适	不合适	合适
4<h≤6	合适	合适	合适	不合适	合适
h≤4	合适	合适	合适	合适	合适

注：表中 A1、A2、B、C、D、E、F、G 为点型感温探测器的不同类别。

点型感温火灾探测器分类见表 8-2-2。

表 8-2-2 点型感温火灾探测器分类　（单位：℃）

探测器类别	典型应用温度	最高应用温度	动作温度下限值	动作温度上限值
A1	25	50	54	65
A2	25	50	54	70
B	40	65	69	85
C	55	80	84	100
D	70	95	99	115
E	85	110	114	130
F	100	125	129	145
G	115	140	144	160

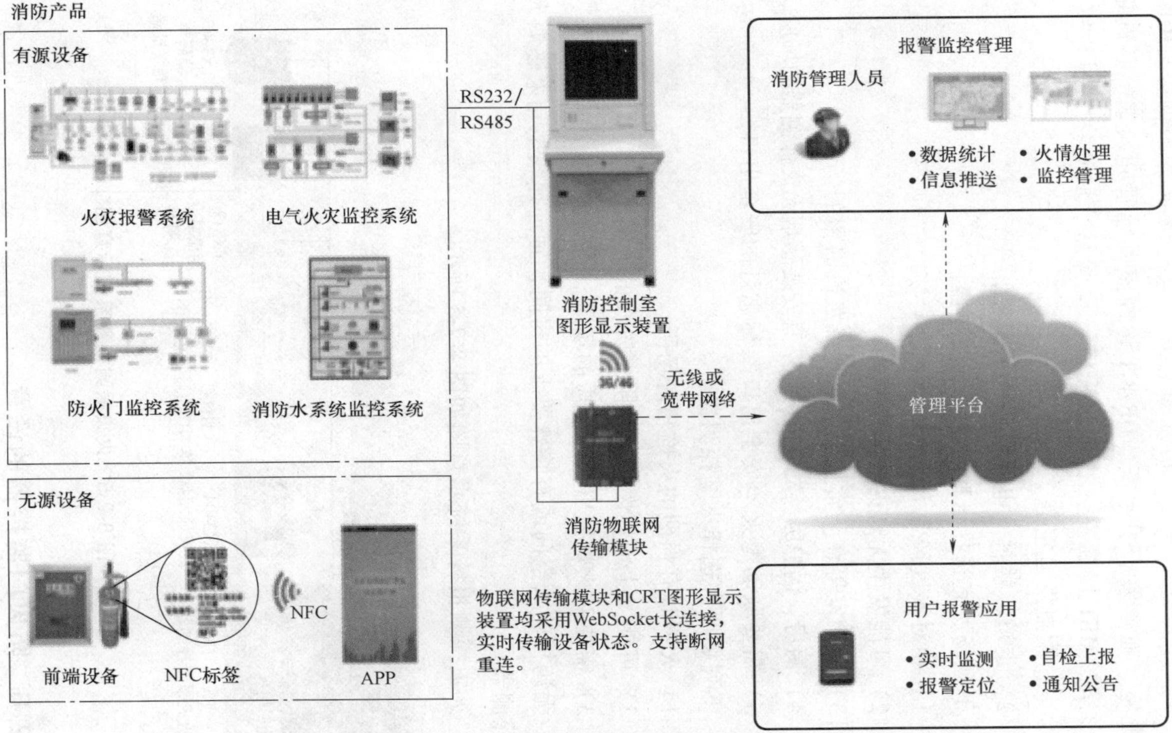

图 8-2-4 物联网火灾防控系统框架图

下列场所宜选择点型感烟火灾探测器：

1）办公室、诊室、治疗室、处置室、抢救室、病房、ICU、婴儿室、血透室、手术室、DR/CT诊断室、导管介入室、心血管造影室、MRI扫描室、物理治疗室、检验室、取片室、制片室、镜检室、配血发血室等。

2）走道、楼梯、电梯机房、车库等。

下列场所宜选择点型感温火灾探测器：

1）相对湿度经常大于95%场所。

2）可能发生无烟火灾的场所。

3）吸烟室等在正常情况下有烟或蒸汽滞留的场所。

4）厨房、锅炉房、发电机房等不宜安装感烟火灾探测器的场所。

5）需要联动熄灭"安全出口"标志灯的安全出口。

下列场所宜选择火焰探测器：

1）火灾时有强烈的火焰辐射场所。

2）可能发生液体燃烧等无阴燃阶段的火灾场所。

3）需要对火焰做出快速反应的场所。

无遮挡的大空间或有特殊要求的房间，宜选择线型光束感烟火灾探测器。

火灾探测报警系统示意图如图8-2-5所示。

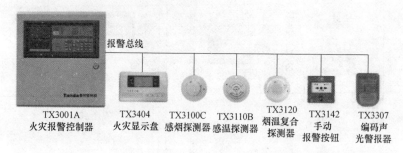

图 8-2-5　火灾探测报警系统示意图

8.2.6　防火门监控器的设置

防火门监控器应设置在消防控制室内，未设置消防控制室时，应设置在有人值班的场所。防火门监控系统示意图如图 8-2-6 所示。

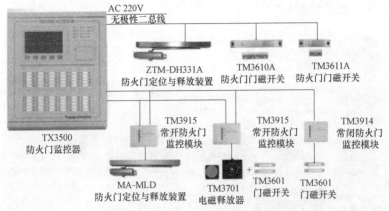

图 8-2-6 防火门监控系统示意图

电动开门器的手动控制按钮应设置在防火门内侧墙面上，距门不宜超过 0.5m，底边距地面高度宜为 0.9~1.3m。

医院人员流动较大，往往很多通道上的常闭防火门使用时都处于常开状态，因此在通道上的这类防火门建议按常开防火门考虑，设置电动闭门器，以便火灾时能及时地关闭防火门，有效地阻止火灾的蔓延，为人员疏散和施救提供安全通道。

8.2.7 其他火灾自动报警系统设备设置

火灾自动报警系统设备的设置还包含：手动火灾报警按钮的设置、区域显示器的设置、火灾报警器的设置、消防应急广播的设置、消防专用电话设置、模块的设置、防控制室图形显示装置的设置、防火门监控器的设置。这类医院火灾自动报警系统设备的设置原则和一般公建的设置原则相同，不做具体展开介绍。

8.3 消防联动控制设计

8.3.1 一般规定

消防联动控制器应能按设定的控制逻辑向各相关的受控设备发

出联动控制信号，并接收相关设备的联动反馈信号。消防联动控制系统示意图如图 8-3-1 所示。

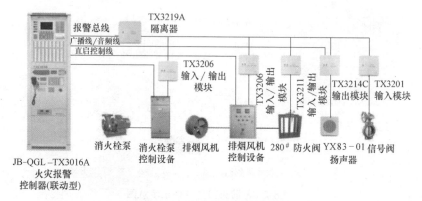

图 8-3-1　消防联动控制系统示意图

消防联动控制器的电压控制输出应采用直流 24V，其电源容量应满足受控消防设备同时起动且维持工作的控制容量要求。

各受控设备接口的特性参数应与消防联动控制器发出的联动控制信号相匹配。

消防水泵、防烟和排烟风机的控制设备，除应采用联动控制方式外，还应在消防控制室设置手动直接控制装置。消防水泵、防烟和排烟风机等消防设备的手动直接控制应通过火灾报警控制器（联动型）或消防联动控制器的手动控制盘实现，盘上的起停按钮应与消防水泵、防烟和排烟风机的控制箱（柜）直接用控制线或控制电缆连接。部分省、市、地区尚应根据当地消防部门验收要求设置独立的手动直接控制装置，在火灾报警控制器（联动型）或消防联动控制器故障或失效时，能直接控制设备起动。

起动电流较大的消防设备宜分时起动。

需要火灾自动报警系统联动控制的消防设备，其联动触发信号应采用两个独立的报警触发装置报警信号的“与”逻辑组合。

消防水泵控制柜应设置机械应急起泵功能，并应保证在控制柜内的控制电路发生故障时，由有管理权限的人员在紧急时起动消防水泵。机械应急起动时，应确保消防水泵在报警后 5.0min 内正常工作。

消防联动控制系统工作原理如图 8-3-2 所示。

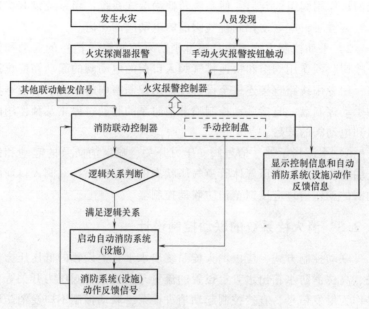

图 8-3-2 消防联动控制系统工作原理图

8.3.2 自动喷水灭火系统的联动控制设计

湿式系统和干式系统的联动控制设计应符合下列规定：

1）联动控制方式，应由湿式报警阀压力开关的动作信号作为触发信号，直接控制起动喷淋消防泵，联动控制不应受消防联动控制器处于自动或手动状态影响。

2）手动控制方式，应将喷淋消防泵控制箱（柜）的起动、停止按钮用专用线路直接连接至设置在消防控制室内的消防联动控制器的手动控制盘，直接手动控制喷淋消防泵的起动、停止。

3）水流指示器、信号阀、压力开关、喷淋消防泵的起动和停止的动作信号应反馈至消防联动控制器。

预作用系统的联动控制设计应符合下列规定：

1）联动控制方式，应由同一报警区域内两只及以上独立的感烟火灾探测器或一只感烟火灾探测器与一只手动火灾报警按钮的报警信号，作为预作用阀组开启的联动触发信号。由消防联动控制器控制预作用阀组的开启，使系统转变为湿式系统；当系统设有快速排气装置时，应联动控制排气阀前的电动阀的开启。

2）手动控制方式，应将喷淋消防泵控制箱（柜）的起动和停止按钮、预作用阀组和快速排气阀入口前的电动阀的起动和停止按钮，用专用线路直接连接至设置在消防控制室内的消防联动控制器的手动控制盘，直接手动控制喷淋消防泵的起动、停止及预作用阀组和电动阀的开启。

3）水流指示器、信号阀、压力开关、喷淋消防泵的起动和停止的动作信号，有压气体管道气压状态信号和快速排气阀入口前电动阀的动作信号应反馈至消防联动控制器。

8.3.3　消火栓系统的联动控制设计

联动控制方式，应由消火栓系统出水干管上设置的低压压力开关、高位消防水箱出水管上设置的流量开关或报警阀压力开关等信号作为触发信号，直接控制起动消火栓泵，联动控制不应受消防联动控制器处于自动或手动状态影响。当设置消火栓按钮时，消火栓按钮的动作信号应作为报警信号及起动消火栓泵的联动触发信号，由消防联功控制器联动控制消火栓泵的起动。

手动控制方式，应将消火栓泵控制箱（柜）的起动、停止按钮用专用线路直接连接至设置在消防控制室内的消防联动控制器的手动控制盘，并应直接手动控制消火栓泵的起动、停止。

消火栓泵的动作信号应反馈至消防联动控制器。

湿式消火栓系统起泵流程如图 8-3-3 所示。

8.3.4　气体灭火系统的联动控制设计

气体灭火系统、泡沫灭火系统应分别由专用的气体灭火控制器、泡沫灭火控制器控制。

气体灭火装置、泡沫灭火装置起动及喷放各阶段的联动控制及系统的反馈信号，应反馈至消防联动控制器及系统的联动反馈信号应包括下列内容：

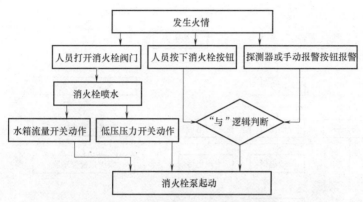

图 8-3-3　湿式消火栓系统起泵流程图

1）气体灭火控制器、泡沫灭火控制器直接连接的火灾探测器的报警信号。

2）选择阀的动作信号。

3）压力开关的动作信号。

在防护区域内设有手动与自动控制转换装置的系统，其手动或自动控制方式的工作状态应在防护区内、外的手动和自动控制状态显示装置上显示，该状态信号应反馈至消防联动控制器。

8.3.5　防排烟系统的联动控制设计

防烟系统的联动控制方式应符合下列规定：

1）应由加压送风口所在防火分区内的两只独立的火灾探测器或一只火灾探测器与一只手动火灾报警按钮的报警信号，作为送风门开启和加压送风机起动的联动触发信号，并应由消防联动控制器联动控制相关层前室等需要加压送风场所的加压送风口开启和加压送风机起动。

2）应由同一防烟分区内且位于电动挡烟垂壁附近的两只独立的感烟火灾探测器的报警信号，作为电动挡烟垂壁降落的联动触发信号，并应由消防联动控制器联动控制电动挡烟垂壁的降落。

3）系统中任一常闭加压送风口开启时，加压风机应能自动起动。

防烟系统联动控制工作原理如图 8-3-4 所示。

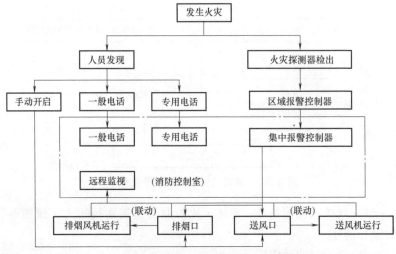

图 8-3-4　防烟系统联动控制工作原理图

排烟系统的联动控制方式应符合下列规定：

1）应由同一防烟分区内的两只独立的火灾探测器的报警信号，作为排烟口、排烟窗或排烟阀开启的联动触发信号，并应由消防联动控制器联动控制排烟口、排烟窗或排烟阀的开启，同时停止该防烟分区的空气调节系统。

2）应由排烟口、排烟窗或排烟阀开启的动作信号，作为排烟风机起动的联动触发信号，并应由消防联动控制器联动控制排烟风机的起动。

3）系统中任一排烟阀或排烟口开启时，排烟风机、补风机自动起动。

防烟系统、排烟系统的手动控制方式，应能在消防控制室内的消防联动控制器上手动控制送风口、电动挡烟垂壁、排烟口、排烟窗、排烟阀的开启或关闭及防烟风机、排烟风机等设备的起动或停止，防烟、排烟风机的起动、停止按钮应采用专用线路直接连接至设置在消防控制室内的消防联动控制器的手动控制盘，并应直接手动控制防烟、排烟风机的起动、停止。

送风口、排烟口、排烟窗或排烟阀开启和关闭的动作信号，防烟、排烟风机起动和停止及电动防火阀关闭的动作信号，均应反馈至消防联动控制器。

排烟风机入口处的总管上设置的280℃排烟防火阀在关闭后应直接联动控制风机停止，排烟防火阀及风机的动作信号应反馈至消防联动控制器。

机械排烟系统联动控制工作原理如图8-3-5所示。

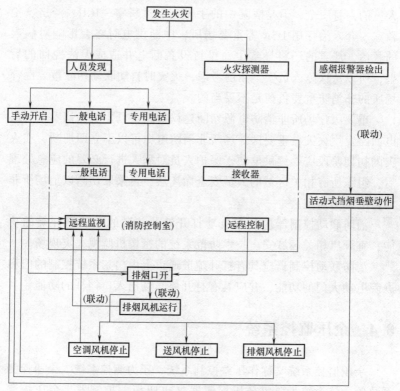

图 8-3-5　机械排烟系统联动控制工作原理图

8.3.6　其他联动控制设计

医院内火灾自动报警联动设计还包括：防火门及防火卷帘系统的联动控制设计、电梯的联动控制设计、火灾报警和消防应急广播系统的联动控制设计、消防应急照明和疏散指示系统的联动控制设计等常规消防联动控制系统。医院的火灾自动报警联动控制系统的设置原则和一般公建的设置原则相同，不做具体展开介绍。

消防联动控制器应具有切断火灾区域及相关区域的非消防电源的功能，当需要切断正常照明时，宜在自动喷淋系统、消火栓系统动作前切断。

非消防电源切断的作用是防止火灾规模扩大，并保障救援救火人员的人身安全，但是医院中的手术室、透析室、ICU、产房、抢救室、介入治疗用 DSA 等重要场所，中断供电时将会影响对病人的救治，严重的还将导致生命维持设备断电并造成无法挽回的后果，所以从保障人员安全角度考虑，火灾时自动联动切除重要医疗场所的非消防重要负荷是不妥当的。

重要医疗场所非消防电源切断建议措施：只要能确认不是其供电回路发生火灾，重要医疗场所非消防电源可以不立即切断，在火灾的初期阶段应继续供电便于医护人员对病人进行必要的应急处理后，组织所有相关区域的人员安全撤离后，再采取切断以上场所非消防电源的措施。

消防联动控制器应具有自动打开涉及疏散的电动栅杆等的功能，宜开启相关区域安全技术防范系统的摄像机监视火灾现场。

消防联动控制器应具有打开疏散通道上由门禁系统控制的门和庭院电动大门的功能，并应具有打开停车场出入口挡杆的功能。

8.4 余压监控系统

余压监控系统又称作压差控制系统、压力测控系统、余压探测系统等。该系统主要由余压探测器（也叫压差控制器、余压探测器、压力传感器）、气压采集管、余压控制器、带电动执行器的旁通阀（也叫电动对开多叶调节阀）及气管末端面板组成。主要用于辅助正压送风系统对高层建筑防烟楼梯间/走道、前室（或合用前室）/走道进行余压值的监测与控制。

余压监控系统的工作原理框图如图 8-4-1 所示。

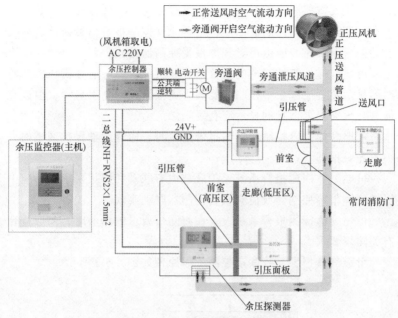

图 8-4-1 余压监控系统工作原理框图

8.5 可燃气体报警系统

可燃气体探测报警系统应由可燃气体报警控制器、可燃气体探测器和火灾声光报警器等组成，如图 8-5-1 所示。

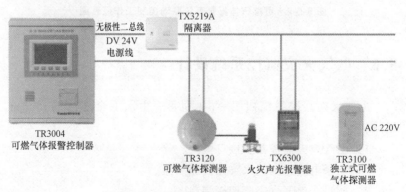

图 8-5-1 可燃气体探测报警系统示意图

可燃气体探测报警系统应独立组成，可燃气体探测器不应接入火灾报警控制器的探测器回路；当可燃气体的报警信号需接入火灾自动报警系统时，应由可燃气体报警控制器接入。

可燃气体报警控制器的报警信息和故障信息，应在消防控制室图形显示装置或起集中控制功能的火灾报警控制器上显示，但该类信息与火灾报警信息的显示应有区别。

可燃气体报警控制器发出报警信号时，应能起动保护区域的火灾声光警报器。

可燃气体探测报警系统保护区域内有联动和警报要求时，应由可燃气体报警控制器或消防联动控制器联动实现。

可燃气体探测报警系统设置在有防爆要求的场所时，尚应符合有关防爆要求。

可燃气体报警系统联动控制工作原理如图 8-5-2 所示。

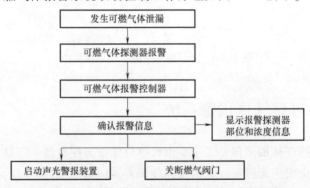

图 8-5-2　可燃气体报警系统联动控制工作原理图

8.6　电气火灾监控系统设计

电气火灾监控系统如图 8-6-1 所示，由以下全部或部分设备组成：

1）电气火灾监控器、接口模块。

2）剩余电流式电气火灾监控探测器。

3）测温式电气火灾监控探测器。

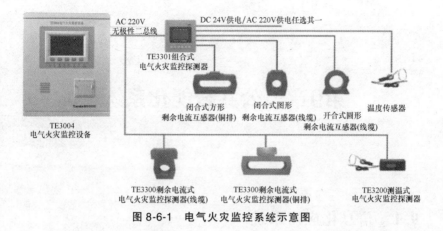

図 8-6-1　电气火灾监控系统示意图

4）故障电弧探测器。

电气火灾监控系统联动控制工作原理如图 8-6-2 所示。

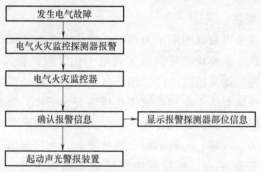

图 8-6-2　电气火灾监控系统联动控制工作原理图

　　非消防负荷的配电线路应设置电气火灾监控系统，消防负荷虽然平时不工作，但其配电线路长期带电，也建议设置电气火灾监控系统。

第9章 公共智能化系统

9.1 信息化应用系统

9.1.1 智能卡应用系统

1. 系统概述

医院智能卡以物联网应用为基础，满足医院内部现代化管理的需要，其管理功能模块将使医院实现电子化管理，提高工作效率，加强院务管理，提高医院医疗管理信息化水平，提升医院的市场竞争力。智慧医院智能卡应用系统信息传输安全可靠，能有效处理突发性海量数据，平台构建具有统一性，实现信息共享、信息集中控制，实现一卡、一库、一网的综合性智能卡，为打造信息化智慧医院提供综合管理平台。医院智能卡最根本的需求是"信息共享，集中控制"，因此系统的设计不是各个独立功能的简单组合，而是从统一的网络平台、统一的数据库、统一的身份认证体系、数据传输安全、各类管理系统接口、异常处理等软件总体设计思路的技术实现考虑，使各管理系统、各识别终端设备综合性能的智能化达到最佳系统设计。

智能就诊卡医疗业务如图 9-1-1 所示。

2. 系统设计功能

系统主要由前端设备、中间传输网络与管理中心设备组成。前端设备由门禁设备、查询机、考勤机、消费机等组成，主要负责采

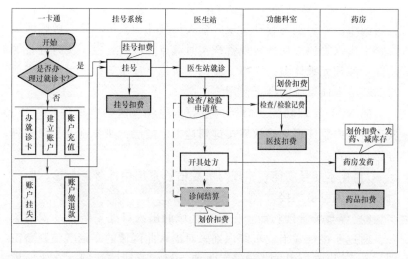

图 9-1-1　智能就诊卡医疗业务示意图

集与判断人员身份信息与权限。传输网络主要负责数据传输。管理中心负责系统配置与信息管理，实时显示系统状态等，主要由管理服务器与管理平台组成，一般设置在安防监控室。

系统功能如下：

1）门禁管理功能：隔离公共自由活动区和受控专用活动区，用 IC 卡代替钥匙开门。在相应出入处安装门禁控制器，在安防中心设置门禁权限控制点，为各持卡人设置门禁权限。有通行权限者凭个人卡刷卡出入，防止非法闯入，保证医院的有序和安全。

2）消费管理功能：生活服务社会化，刷卡消费代替现金消费。在超市管理处设置发卡预充值点，为医院职员、培训人员、其他人员发卡充值，在各售卖点、商店、其他服务消费点安装消费机，消费者就地刷卡交费，避免现金交易。

3）考勤管理功能：利用自动身份识别技术对指定人员实现考勤管理。通过门禁考勤一体化设计，所有持卡人的考勤点的刷卡记录导出给考勤管理软件模块，形成考勤记录。

4）掌上系统功能：可通过手机移动端对个人账户查询、个人门禁打卡记录、访客协助预约、消费记录查询等基本操作。

5）定位系统功能：对医护人员、特殊病患、贵重资产进行无感房间级区域识别与管理实现区域人员统计，人员轨迹、敏感区域告警、出入管控等功能实现资产实时盘点、出入管控、实时分布等功能；实现无感体温、心率、血压、血氧、计步等数据采集；实现与门禁一卡通系统的结合使用。

6）梯控管理功能：对楼内重要的电梯、医护电梯进行管控，实现轿厢内验证识别确认后按键到达指定楼层，兼容刷卡、二维码等识别方式。

7）刷卡挂号功能：实现与医院信息系统中挂号、就诊、取药时刷卡识别身份的接口。

8）停车场管理功能：在停车区域的出入口处安装自动识别装置，通过非接触式卡或车牌识别来对出入此区域的车辆实施判断识别、准入/拒绝、引导、记录、收费、放行等智能管理，有效地控制车辆与人员的出入，记录所有详细资料并自动计算收费额度，实现对场内车辆与收费的安全管理。

9.1.2 公共服务系统

公共服务系统应具有访客接待管理和公共服务信息发布等功能，具有将各类公共服务事务纳入规范运行程序的管理功能。

公众服务系统是服务于医患的健康医学服务平台。它通过电话、短信、微信、APP 等网络通信技术手段，多维一体服务于医院和患者，为医院内部管理、外部沟通和医患信息实时交换及远程医疗提供全方位的服务。

9.1.3 物业管理系统

1. 系统概述

物业管理系统是物业行业与信息产业相结合的产物，从大量优秀企业的管理模式和成功案例中，提炼出具有共性的管理方案，将管理制度的建立、工作岗位的设置、办理业务的手续等管理要素量化为具体的管理节点和处理流程，并将其编制为计算机软件，在计算机网络上运行处理各项管理业务，是运用现代科学管理手段和专业技术，融管理、服务、经营于一体，对服务机构的后勤系统实施全方位、多功能的统一管理的活动，其特点是为服务机构的使用人提供全面、高效、节约、有偿的服务。

2. 系统设计功能

医院物业管理系统设计主要包含以下内容：

（1）房屋及附属设备设施的维修养护与运行管理

主要包括对房屋建筑、中央空调系统、锅炉、高低压配电系统、备用发电机、消防报警系统、给排水系统、电梯、水泵系统、照明系统、污水处理系统、楼宇智能系统、通风系统、制冷设备、广播系统、停车场（库）等的维修养护和运行管理，保证24h的水、电、气、热供应，以及电梯、变配电、中央空调、锅炉房、氧气输送系统等的正常运转。

（2）安全保卫服务管理

主要包括门禁制度、消防安全巡查、安全监控、机动车及非机动车辆管理、处理突发事件等，尤其要做好手术室、药房、化验室、太平间、财务室、院长室等重要或特殊区域的安全防范管理。

（3）病区被褥用品洗涤剂供应管理

主要包括病区脏被褥用品的收集、清点、分类放袋、分类处理等管理。

（4）环境管理

医院的环境管理主要包括对医院各病区、各科室、手术室等部位的卫生清洁，对各类垃圾进行收集、清运。在垃圾处理时要区分有毒害类和无毒害类，定期消毒杀菌。医用垃圾的销毁工作要统一管理，不能流失，以免造成大面积感染。

（5）护工服务管理

护工服务是医院物业管理的特色，是对医院和护士工作的延续和补充，是医护人员的得力助手。

（6）财务管理

医院财务管理是对医院有关资金的筹集、分配、使用等财务活动所进行的计划、组织、控制、指挥、协调、考核等工作的总称，是医院经济管理的重要组成部分。主要内容有资金筹集的管理、预算管理、收入管理、支出与成本费用管理、结余及其分配管理、负债管理、流动资产管理、固定资产管理、无形资产管理、财务清算的管理、财务报告与分析、财务控制与监督等。

9.1.4　信息安全管理系统

信息安全管理系统通过采用分布式数据采集、智能包重组和流重组、自适应深度协议分析、实时网络协议封堵、实时网络流量管控、海量数据存储、深度数据挖掘等多种先进的技术手段，实现了对数据机房内网络流量、IP 地址、域名、信息内容、应用等各类资源信息的采集、监测、分析、预警和管控，并对数据机房内网站、论坛、博客等各种应用、网络安全事件、用户行为等的审计分析，满足信息安全管理需求，为依法加强互联网管理、保障网络和信息安全，营造绿色、健康、有序的互联网环境，净化网络不良内容，提升网络服务品质。

9.1.5　信息设施运行管理系统

信息设施运行管理系统是面向企业数据中心、园区/分支网络、统一通信、视讯会议、视频监控等信息设施的一体化融合运维管理系统，可实现对服务器、存储、虚拟化、交换机、路由器、无线局域网（WLAN）、防火墙、统一通信、智真、视频监控、eLTE 基站、核心网和终端设备、无源光网络（PON）设备等信息与通信技术（ICT）设备的运行状态、资源配置、技术性能等进行检测、分析、处理和维护等功能，能有效帮助企业提高运维效率，提升资源使用率，降低运维成本，保障 ICT 系统稳定运行。

9.1.6　基本业务办公系统

1. 系统概述

办公系统利用现代化设备和信息化技术，代替办公人员传统的部分手动或重复性业务活动，优质而高效地处理办公事务和业务信息，实现对信息资源的高效利用，进而达到提高生产率、辅助决策的目的，最大限度地提高工作效率和质量、改善工作环境。

2. 系统设计功能

1）文件阅读、文件批示、文件处理、文件存档等事务。

2）草拟文件、制订计划、起草报告、编制报表、资料整理、记录、拍照、文件打印等事务。

3）文件收发、保存、复制、检索、电报、电传、传真等事务。

4）会议、汇报、报告、讨论、命令、指示、谈话等事务。

9.2 信息设施系统

9.2.1 信息接入系统

信息接入系统应满足医院内各类用户对信息通信的需求，并应将各类公共信息网和专用信息网引入建筑物内。信息接入机房（弱电进线间）应统筹规划配置，多家电信业务经营者宜合设进线间；进线间宜设置在地下一层或一层（无地下室时）并靠近市政信息接入点的外墙部位；进线间的面积不应小于 $10m^2$，满足不少于 3 家电信业务经营者接入。进线间内所有进出建筑物的电缆端接处的配线模块应设置适配的信号线路浪涌保护器。

9.2.2 综合布线系统

1. 系统组成与架构

综合布线系统主要由进线间、建筑群子系统、设备间子系统、管理子系统、干线子系统、配线子系统、工作区子系统等组成。系统架构应采用开放式网络拓扑结构，系统设计应满足开放性、灵活性、可扩展性、实用性、安全可靠性和经济性等要求。

综合布线系统的设计应满足医院信息网络和通信网络的布线要求，应能满足数据、语音、图文及视频等信息传输的要求。根据医院建筑的使用功能、环境条件以及用户近期的实际使用和中远期发展的需求，进行合理的系统配置和管线预留。

2. 系统设计

(1) 工作区子系统

一个独立的需要设置终端设备（TE）的区域宜划分为一个工作区。工作区子系统由终端设备连接到信息插座和连线组成，包括信息插座模块、终端设备处的连接缆线及适配器。工作区的信息端口包括电话、内/外网络、无线、图像（IPTV）、安防摄像、光纤等端口。工作区信息点的布置依据功能区域划分，系统信息点位主要设置于医生办公室、护士站、主任办公室、护士长办公室、示教室、病房、ICU、大厅、走廊、休息区域、地下停车库、门诊挂号及收费、急诊、诊室、手术室、产房、检验科、病理科、中心供应、静配中心、放射科控制室、药房、出入院办理、咨询台及会议室等处。其中 DSA、DR、CT、MR 等干扰场所宜采用屏蔽布线系统，终端设备通过以太网供电（PoE）技术的信息点位宜采用屏蔽布线系统（连接器宜采用 MPTL 代替水晶头）、其他采用非屏蔽布线系统。系统基本选用标准 86 系列插座，部分区域根据需要采用120 地插；病房（包括普通病房、透析病房、ICU/CCU 等重症监护病房）内床头信息插座安装在病房设备带，各信息插座安装具体位置结合装修方案可做适当调整。各数据信息插座旁边 20cm 左右需配置强电插座。

(2) 配线子系统

配线子系统应由工作区内的信息插座模块至电信间配线设备的水平缆线、电信间的配线设备及设备缆线和跳线等组成。配线子系统信道的最大长度不应大于 100m，信道应由长度不大于 90m 的水平缆线、10m 的跳线和设备缆线及最多 4 个连接器件组成。光纤信道应分为 OF-300、OF-500 和 OF-2000 三个等级，各等级光纤信道支持的应用长度不应小于 300m、500m 及 2000m。数据与语音及无线接入，如：Wi-Fi 6 设计宜采用 6A 类非屏蔽或屏蔽双绞线，多媒体教室宜采用光纤接入，水平双绞线和光纤采用镀锌桥架结合 JDG管敷设。

(3) 干线子系统

干线子系统应由设备间至电信间的主干缆线、安装在设备间的建筑物配线设备及设备缆线和跳线组成。干线子系统（垂直子系统）是贯穿整个建筑物各个水平区子系统连接路由的主线缆，它将各分配线架与主配线架以星形结构连接起来，贯穿于大楼的垂直竖井中。系统分为数据主干及语音主干，数据主干（内、外网及智能化专网）均采用万兆 OS2 单模或 OM4、OM5 万兆多模光缆，语音主干采用三类或五类大对数电缆或光缆，采用垂直镀锌桥架敷设。

（4）管理子系统

管理子系统由分散在各楼层的分配线间及设置在信息网络中心的主配线间组成，应对工作区、电信间、设备间、进线间、布线路径环境中的配线设备、缆线、信息插座模块等设施按一定的模式进行标识、记录和管理。分配线间中水平双绞线端接使用 1U 24 口或 1U 48 口高密度模块式配线架，宜采用 28AWG 极细非屏蔽跳线或 30AWG 极细屏蔽跳线满足高密度配线需求。光缆采用 19in 光纤配线架端接，宜采用一管双芯光纤跳线方便狭小空间的操作；语音主干线缆端接使用 110 型卡接式配线架。管理子系统应有足够的空间放置配线架和网络设备等。系统的分配线间设置于各楼层的弱电间，每个分配线间分别配置 600mm×600mm×2000mm 的 19in 标准设备机柜。楼层分配线间数据配线架全部采用模块化的配线架。每个配线架端口均有防尘盖，内置线缆管理架，保持符合弯曲半径要求。屏蔽配线架需要接地。

（5）设备间子系统

设备间应为在每栋建筑物的适当地点进行配线管理、网络管理和信息交换的场地。设备间是整个综合布线系统的铜缆和光缆配线的管理中心，也是整个系统对外联络的节点。设备间主要用于汇接各个分配线间（IDF），并放置建筑物配线设备、建筑群配线设备、以太网交换机、电话交换机、计算机网络设备、服务器、语音主干端接设备和分配线间接入设备等。采用标准型机柜，所有信息点均通过一定的编码规则和颜色规则标识，同时在机柜旁用示意图说明，方便用户的使用和管理。设备间布线宜采用智能布线管理系统（电子配线架系统），便于运维人员日常管理。

（6）建筑群子系统

建筑群子系统应由连接多个建筑物之间的主干缆线、配线设备及设备缆线和跳线组成。建筑群子系统宜采用地下管道敷设方式。

（7）进线间和电信间

进线间应为建筑物外部信息通信网络管线的入口部位，并可作为入口设施的安装场地。电信间的面积不应小于 $5m^2$，与室分机房合用时，面积不宜小于 $6m^2$。电信间宜设置通风系统，电信间内的主要弱电设备电源宜采用不间断电源集中供电。

3. 技术要求

（1）桥架安装

1）缆线桥架底部应高于地面 2.2m 以上，为方便施工，桥架顶部距建筑物楼板不宜小于 0.3m，在过梁或其他障碍物交叉处不宜小于 0.1m。

2）缆线桥架水平敷设时，支撑间距宜为 1.5~3m，通常选为 2m。垂直敷设时固定在建筑物结构体上的间距宜小于 2m，距地面 1.8m 以下部分加金属板保护。

3）金属线槽敷设时，在线槽接头处、距桥架终端 0.5m、转弯处等位置应设置支架或吊架；直线段缆线桥架每超过 15~30m 或跨越建筑物变形缝时，应设置伸缩补偿装置。

4）缆线桥架和缆线线槽转弯半径不应小于槽内线缆的最小允许弯曲半径，线槽直角弯处最小弯曲半径不应小于槽内最粗缆线外径的 10 倍。

5）桥架和线槽穿过防火墙或楼板时，缆线布放完成后应采取防火封堵措施。

6）导管或槽盒材质的性能、规格、安装方式的选择应适应敷设场所环境温度、湿度、腐蚀性、污染以及自身耐水性、耐火性、承重、抗挠、抗冲击等因素对布缆的影响，并应符合现行国家及行业相关的安装规范要求。

（2）线缆选择及敷设

1）每个系统线缆在桥架和竖井内要求分开布放、绑扎，线缆头要有标签编号，需注明楼栋、楼层、用户号信息。

2）线缆应自然平直，不得产生扭绞、打圈以及接头等现象，不应受外力的挤压和损伤。缆线应有余量以适应终结、检测和变更。

3）管线的弯曲半径应符合下列规定：

① 4 对非屏蔽电缆不小于电缆外径的 4 倍。

② 4 对屏蔽电缆不小于电缆外径的 8 倍。

③ 大对数主干电缆不小于电缆外径的 10 倍。

④ 室外光缆、电缆不小于缆线外径的 10 倍。

⑤ 光电混合缆的弯曲半径应至少为光缆外径的 10 倍。

4）线缆布放在管与线槽内的管径与截面利用率，应根据不同类型的线缆做不同的选择。管内穿放大对数电缆或 4 芯以上光缆时，直线管路的管径利用率应为 50%～60%，弯管路的管径利用率应为 40%～50%。管内穿放 4 对对绞电缆或 4 芯光缆时，截面利用率应为 25%～30%。布放线缆在线槽内的截面利用率应为 30%～50%。

5）综合布线系统选用的电缆和光缆应根据医院建筑的使用性质、火灾危险程度、系统设备的重要性和线缆的敷设方式，选用相应阻燃等级的线缆。如建筑高度不低于 100m 的医院建筑，建筑高度小于 100m，大于或等于 50m，且面积超过 100000m² 的医院建筑，其水平敷设线缆宜采用通过水平燃烧试验要求的通信电缆或光缆，垂直敷设线缆应采用不低于 B1-（do，t0，a1）级的通信电缆、弱电缆及光缆；其他重要医院建筑其水平敷设线缆应采用不低于 B1-（do，t0，a1）级的通信电缆、弱电缆及光缆，宜采用通过水平燃烧试验要求的通信电缆或光缆；垂直敷设线缆应采用不低于 B2 级的通信电缆或光缆。

6）在地下停车库、食堂、餐饮区域宜采用防鼠咬铜缆或防鼠咬光缆。在部分阳光直射区域宜采用抗 UV（紫外线）铜缆或抗 UV 光缆。在垂直竖井或水平超桥空间不足的情况下宜采用小线径铜缆，如：24AWG 6 类千兆铜缆。在建筑群间宜采用直埋铜缆或光缆。在门诊、急症、病区、ICU 等污染或半污染区域宜采用抗菌布线产品，如：抗菌面板、抗菌跳线等。

7）布缆工程测试应随工进行，布缆工程测试应包括：

① 电缆系统传输性能测试。

② 电缆系统 PoE 承载能力测试。

③ 电缆系统承载负载额定功率且传输 10Gbps 速率条件下的信噪比测试。

④ 光电混合缆系统光纤衰减测试。

⑤ 光电混合缆系统供电导体承载负载额定功率条件下的末端电压测试。

4. 电气防护、防雷及接地要求

1）综合布线系统应根据环境条件选用相应的缆线和配线设备，或采取防护措施。

综合布线区域内存在的电磁干扰场强低于或等于 3V/m 时，宜采用非屏蔽电缆和非屏蔽配线设备。综合布线区域内存在的电磁干扰场强高于 3V/m 时，或用户对电磁兼容性有较高要求时，可采用屏蔽布线系统和光缆布线系统。综合布线路由上存在干扰源，且不能满足最小净距要求时，宜采用金属管线进行屏蔽，或采用屏蔽布线系统及光缆布线系统。

2）综合布线系统的电话和网络进出线等均考虑防雷过电压保护，分别在各自箱内、配线架上和设备就地加装适配的浪涌保护器，其接地与大楼共用接地装置相连接，以确保弱电系统和重要设备的可靠运行。

3）系统应采用综合接地方式，即共用大楼接地体，接地电阻要求不大于 1Ω。综合布线电缆所采用的金属槽道和钢管，应保持连续的电气连接，避免构成直流环路，并与大楼的均压环可靠连接，同时全长应不少于两处与接地干线可靠连接。当电缆从建筑物外面进入建筑物时，电缆的保护管及电缆的金属护套或光缆的金属件应在进户处可靠接地。交接间所有配线机柜应可靠接地。

9.2.3 信息网络系统

1. 系统组成

信息网络系统是用通信线路和通信设备将分散在不同地点并具

有独立功能的多个计算机系统互相连接，按照国际标准的网络协议进行数据通信，实现网络中的硬件、软件、数据库等资源共享的计算机群。信息网络系统包括局域网系统、无线局域网系统、网络管理系统、网络安全防御系统和接入网系统等。

2. 设计原则

1）信息网络系统的设计和配置应标准化、模块化，兼具实用性、适用性、可靠性、安全性和可扩展性，宜适度超前。

2）信息网络系统设计应做用户调查和需求分析，明确网络逻辑设计、物理设计以及无线局域网络设计方案。用户调查主要针对用户业务性质、网络应用类型、用户规模、数据流量需求、环境要求和投资概算等方面。

3）信息网络需求分析包括功能需求和性能需求。根据功能需求分析确定网络类型、网络拓扑结构、传输介质、设备配置、网络互联及广域网接入等。根据性能需求分析确定整个网络的可靠性、安全性和可扩展性，内容包括网络传输速率，网络互联及广域网接入，网络冗余及可管理程度等。

3. 网络类型

医院网络类型分为内网、外网、智能化设备专网，其中内网主要供医院信息系统（HIS）、医疗影像存储与传输系统（PACS）、检验实验室系统（LIS）、临床医疗系统（CIS）、医院感控系统、办公自动化系统、医院呼应信号系统、时钟系统、有线电视、信息导引及发布系统等的应用。内网仅限内部用户使用，内部的远程用户通过公网接入网络中心，必须经过身份认证后才能访问内部网络。外网与互联网相连，访问外部信息。智能化设备专网主要供视频监控、门禁、停车场、电梯控制、建筑设备管理等系统数据、图像传输。医院信息网络系统一般采用传统以太网和GPON。

为减轻医院内网的运行压力，有的医院设置了视讯网，承载有线电视、信息发布、示教、远程会诊等系统应用。当前医院信息网络系统建设主要有以下类型：

1）建设内网、外网和智能化设备专网3套独立的网络，物理隔离。

2）建设内网、外网、视讯网和智能化设备专网 4 套独立的网络，物理隔离。

3）建设内网、外网逻辑隔离的网络和智能化设备专网。

4. 网络总体结构层次

（1）传统以太网总体结构层次

大型医院的网络一般采用核心层、汇聚层和接入层 3 层架构，其中内网一般采用双核心+双汇聚+接入，外网和智能化设备专网一般采用单核心+单汇聚+接入，有条件时亦可采用双核心+双汇聚+接入。

规模较小的网络可采用核心层和接入层两层架构。其中内网一般采用双核心+接入，外网和智能化设备专网一般采用单核心+接入，有条件时亦可采用双核心+接入。

（2）GPON 总体结构层次

医院网络一般由核心层、光线路终端（OLT）、分光器和光网络单元（ONU）组成。一般采用双核心、双 OLT、分光器和 ONU 组网。采用 GPON 时，建议内外网采用逻辑隔离。

5. 网络传输介质

传统以太网垂直主干传输采用光缆，水平部分采用六类及以上网线或光纤；GPON 垂直主干及水平部分采用光缆。

6. 基于 F5G 的无源光局域网

（1）基于 F5G 的无源光局域网系统基本架构

基于 F5G 的无源光局域网（POL）是基于无源光网络（PON）技术的局域网组网方式。该组网方式采用无源光通信技术为用户提供融合的数据、语音、视频及其他智能化系统业务。POL 系统由光线路终端（OLT）、光分配网络（ODN）、光网络单元（ONU）和交换设备、出口设备、网络管理单元组成。POL 系统与入口设施、终端共同组成建筑物和建筑群的网络系统，基本架构如图 9-2-1 所示。

（2）无源光局域网系统架构

1）无源光局域网的系统架构如图 9-2-2 所示。进线间至少提

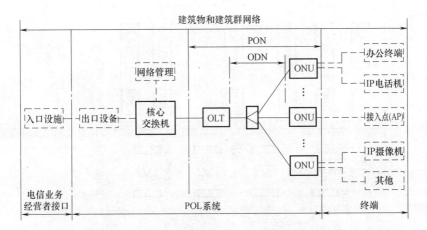

图 9-2-1　建筑物和建筑群的网络系统基本架构

供 3 家电信业务运营商的网络机箱进行业务接入选择。

2）设备间内，核心交换机为业务连接核心，按照业务需求，核心交换机可采用双机热备，多个系统可选择多套核心交换机系统；两台 OLT 设备进行双机热备。POL 系统采用 Type B 保护连接到楼内配线系统，对要求高的部分，可采用 Type C 保护；采用 Type B 或 Type C 保护的 POL 系统，采用一级分光模式，分光器位于建筑物弱电间或者楼层弱电间。

3）基于 F5G 的无源光局域网适用于新建、改建和扩建的中大型建筑物或园区建筑群系统，尤其是建筑面积大、传输距离远的应用场景，已在很多园区/医院等使用，具有简架构、高可靠、易演进、高带宽容量、智运维等特点。

4）基于 F5G 的无源光局域网系统设置需满足以下要求：

① 无源光局域网需支持语音、数据、图像及多媒体业务等数据接入基本业务，选用的技术及网络带宽根据用户需求确定，宜采用 10G GPON 技术以支持将来长期的业务和带宽演进需求。

② 根据工程的规模和应用范围，OLT 宜设置于园区或建筑物内的信息通信机房，通常 OLT 与核心交换机安装于同一机房。需

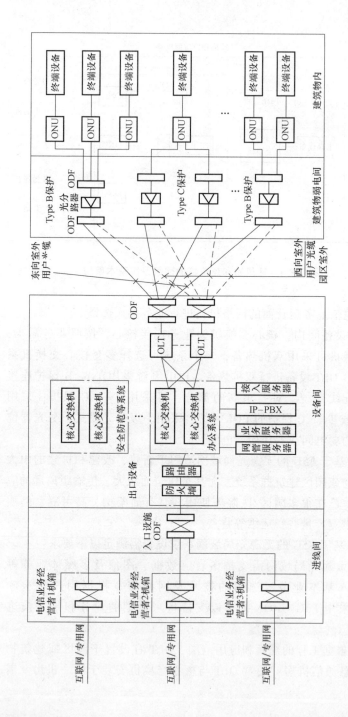

图 9-2-2 无源光局域网的系统架构

根据网络大小及 PON 端口的数量来选择不同的 OLT 设备种类，可选择大型、中型或者小型的插卡式 OLT 设备，若网络规模小，也可采用单机版的 OLT 设备。工程中，以 OLT 为业务的汇聚点，通过光缆向 ONU 延伸辐射。

③ 无源光局域网需支持保护功能以提升网络和业务的可靠性，宜采用两台 OLT 互为备份的方式进行建设；ONU 宜采用 Type B 双归属或者 Type C 双归属的方式进行保护；双归属保护倒换业务中断时间宜小于 1s。

④ ONU 宜提供千兆（GE）或者万兆（10GE）以太网接口以提供接入业务；可根据用户端口种类和数量来选择不同的 ONU，如可选择 86 盒面板型 ONU、4 个 GE 接口的盒式 ONU、4 个支持 POE 功能 GE 接口的 ONU，或选择同时提供 GE 接口和 POTS 接口的 ONU 等。

⑤ ONU 可提供 POE 的供电功能，用于连接无线 AP 设备或者摄像头设备，以提供高速无线接入（Wi-Fi）功能或满足医院建筑的安保需求；ONU 宜提供满足 IEEE 802.3bt/af/at 标准不同等级的 POE 供电方式。

⑥ ONU 需尽可能靠近最终信息点，ONU 可采用桌面安装、墙内暗装信息配线箱内安装、墙面明装等方式安装；需提前规划预留墙内暗装信息箱及供电电源。

⑦ POL 的分光器可选择插片式或者盒式分光器，指标需符合行业标准 YD/T 2000.1—2014《平面光波导集成光路器件　第 1 部分：基于平面光波导（PLC）的光功率分路器》的规定。

⑧ 分光器的设置位置、分路比取决于 OLT 至 ONU 之间的全程传输指标的合理分配与设计要求，并考虑光纤最大化的有效利用，如图 9-2-3 所示。

7. 无线局域网络系统

医院建筑无线局域网络系统应满足各类智能终端设备无线接入的需求，病房区域无线局域网络系统应满足移动查房需求，实现无漫游、零掉线。无线局域网络系统应满足高速度接入、高转发量、安全可管控、终端可识别、虚拟化控制等要求。在有高速无线网络

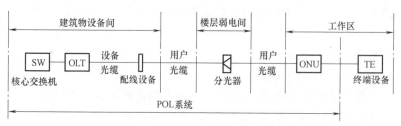

图 9-2-3　分光器设置与连接方式

需求时，可采用符合 IEEE 802.11ac 标准的无线设备。

医院无线局域网络一般采用瘦 AP 架构，门急诊及医技等区域一般采用放装 AP，病房区域一般采用中心 AP+终端 AP 方式或基站 AP+天馈线方式，具体方案和设备布置需根据业主需求和选用产品的技术参数来确定。

9.2.4　公共广播系统

1. 系统组成与架构

公共广播系统主要由音源部分、功率放大器、控制部分、线路部分、信号处理部分、扬声器等组成。公共广播和消防应急广播可合并成一套系统，也可共用部分设备（如扬声器和传输线路等）。当消防应急广播系统设置专用功放和控制设备，仅与公共广播系统共用扬声器和传输线时，公共广播功放建议采用背景音乐网络广播（IP）功放，同时需要消防应急广播提供消防强切模块，消防应急广播功放和背景音乐功放输出接到消防强切模块上，发生火灾时切换到消防应急广播功放输出。

2. 系统设计

1）公共广播系统应设置控制室，但一般是与消防控制室合用。医院公共广播系统分区宜与消防应急广播分区一致，扬声器音量需调节的场所（如手术室、大会议室、检验中心等区域），宜单独设区或增加音量控制器。每个分区内扬声器的总功率不宜大于 200W。

2）公共广播系统宜采用定压输出，输出电压宜为 70V 或100V。系统传输线路衰减不宜大于 3dB（1000Hz）。

3）公共广播系统多用途时，消防应急广播应具有最高级别的优先权。在发生火灾时，应强制切换至消防应急广播。消防应急广播的声压级应比环境噪声高 12dB 或以上；消防应急广播功放设备的容量应满足系统所有扬声器同时广播的要求；手动发布消防应急广播应能一键操作；单台功放设备故障不应导致整个广播系统失效；单个扬声器故障不应导致整个广播分区失效。

4）医院导医台、护士站具有分控管理功能，可以对单个区域或者多个区域进行喊话、通知、广播寻人启事等。

9.2.5 多媒体会议系统

1. 系统组成与结构

多媒体会议系统可包括扩声系统、显示系统、会议讨论系统、表决系统、会议摄像系统、录播系统、集中控制系统、视频会议、会场签到管理系统及同声传译系统等全部或部分子系统。会议系统应是根据实际需要，考虑经济、技术条件及可扩展性，以满足用户的使用要求，同时兼顾能与各种类型的会议系统互联互通。

2. 系统设计

1）多媒体会议系统应选用可靠稳定的产品和技术，并将各子系统集成，保证各系统之间的兼容性和配接性。有固定座席的会场，宜采用有线会议讨论系统；座席不固定或对布线有限制的会场，宜采用无线会议讨论系统；亦可采用有线、无线混合系统。

2）安装多套无线会议讨论系统或在会场附近有相同或相近频段的射频设备工作时，不宜采用射频会议讨论系统；有保密要求的应采取防失密措施。

3）采用红外线会议讨论系统时，不宜采用等离子显示屏，门窗等采取防红外线泄漏措施；红外敷设单元之间应有延时设定或进行红外发射波叠加校正。

4）会议表决系统应与会议讨论系统进行集成。会议讨论单元上具有投票、表决的功能。

5）对扩声要求较高的会场应按一级会议扩声系统设计；对扩

声要求不高的会场可按二级会议扩声系统设计；一、二级会议扩声系统声学指标应符合表 9-2-1 的要求。

表 9-2-1　一、二级会议扩声系统声学指标

等级	最大声压级	传输频率特性	传声增益	稳定声场不均匀度	系统噪声级
一级	额定通带内≥98dB	以 125Hz～4kHz 的平均声压级为 0dB，在此频带内允许范围为 -6～+4dB；63～125Hz 和 4～8kHz 的允许范围见图 9-2-4	125Hz～4kHz 的平均值≥-10dB	1kHz、4kHz 时≤8dB	NR-20
二级	额定通带内≥95dB	以 125Hz～4kHz 的平均声压级为 0dB，在此频带内允许范围为 -6～+4dB；63～125Hz 和 4～8kHz 的允许范围见图 9-2-5	125Hz～4kHz 的平均值≥-12dB	1kHz、4kHz 时≤10dB	NR-25
早后期声能比	500Hz～2kHz 内 1/1 倍频带分析的平均值不小于 +3dB（可选择项）				

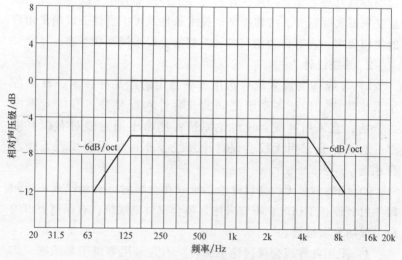

图 9-2-4　一级会议扩声系统传输频率特性

6）会议显示系统根据会议现场不同的面积大小、功能需求，选择不同的显示设备，如 LED 大屏、会议一体机、投影机等。对于大会议室、报告厅、多功能厅等场所，设计 LED 大屏作为显示系统，满足观众人眼视觉功能需求。中小型会议室设计会议一体机

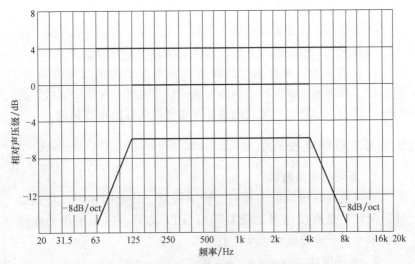

图 9-2-5　二级会议扩声系统传输频率特性

或者投影机作为显示系统，满足人眼视觉功能需求。

7）会议摄像系统在会场中分别用于全场的全景画面和跟踪特写，跟踪特写发言人的画面。对于重要的会议内容，需要进行录制、存储、视频回放。会议录播系统支持多流多画面/单流单画面/单流多画面方式录制。

8）会议集中控制系统是整个会议场所的核心控制部分，集中了灯光、机械、投影及视/音频信号的切换和分配等一体化控制，通过无线平板计算机、有线面板等操作端对声、光、电、视、讯进行智能化控制和管理。

9）会议签到系统需要实现会议信息 APP 通知、短信通知，将会前提醒、结束提醒、会议签到、开始签到、结束签到、会议附件、会议详情、会议议程等会议相关通知至相关人员。

10）视频会议系统利用互联网技术，符合 H.323、SIP 等国际标准通信协议，同时支持 H.263、H.264、H.265 等国际视频编码标准协议，实现远程视频会议、远程培训、远程医疗、远程探视等功能。

11）无纸化会议系统具有节能环保、高度保密等特点，在会前、会中、会后具有会议信息上传、文件分发、阅读查看、文件批注、会议签到、投票表决、电子白板、文件交互传送、视频交互传送、会议交流、信息通知、会议服务、信息记录等功能。

12）同声传译系统用于医院有外宾来参加学术交流的场所，通过人工翻译演讲者讲话的内容，翻译成指定的目标语言无线传送给与会代表。与会代表可以随意选择自己能听懂的语言频道。

9.2.6　有线电视系统

1. 系统组成与结构

有线电视系统由前端设备、传输线路、分配网和用户终端组成。医院建筑有线电视系统宜采用 IPTV 方式，主干采用光缆传输，水平采用光缆或六类及以上网线。

2. 系统设计

有线电视系统应按双向、交互、多业务网络的要求进行规划设计，满足多网融合的技术要求。自设卫星电视接收信号及自设节目源信号宜与有线电视信号混合后传输。

有线电视系统宜与信息发布系统、排队叫号系统等集成在统一平台上，实现终端显示设备共用。

9.2.7　信息导引及发布系统

1. 系统组成

信息导引及发布系统主要由播控中心单元、数据资源库、传输单元（基于内网或视讯网）、播放单元及显示查询单元等组成。其中播控中心单元主要由服务器、控制器、信号采集接口、应用软件等组成。系统基于医院内网进行建设，由管理工作站、媒体播放器、显示设备等组成。管理工作站对前端显示设备进行集中控制及信息发布，相关职能部门可通过客户端或浏览器方式实现在线管理。

2. 系统设置

系统采用 LED 双基色显示屏、液晶显示屏（LCD）以及触摸自助一体机等多种显示、查询模式。

（1）LED 双基色显示屏

在出入院、挂号收费等窗口上方双基色显示屏，具体尺寸及安装位置结合装修设计确定。

（2）液晶显示屏（LCD）

在各层电梯厅、候诊区或家属等候区设置 LCD，具体尺寸及安装位置结合装修设计确定。

（3）触摸自助一体机

在门厅、医疗区、候诊区、护士站等处设置触摸自助一体机，可供患者及家属自助挂号、查询、缴费、打印等。

9.2.8 电话系统

1. 系统组成

电话系统分为用户电话交换机、调度系统、会议电话系统和呼叫中心系统。用户电话交换机主要由电话交换机、话务台、终端及辅助设备等组成。用户终端主要分为普通电话终端和 IP 终端等。调度系统主要由调度交换机、调度台、调度终端及辅助设备等组成。调度终端支持多类型多应用，并设有直通键和键盘。会议电话系统主要由会议电话交换机、会议电话终端及辅助设备等组成。呼叫中心系统主要由电话交换机、服务器、话务席、局域网、路由器及防火墙等设备组成。

2. 系统设计

1）电话系统的建设由业主提供使用需求，如实现国际国内直拨、市内电话、内线电话、传真、120、119 及 110 等功能需求；其主要设备一般由运营商提供，水平线缆及电话终端由业主提供。数据网若采用 GPON 方式，语音网可并入数据网统筹建设。

2）呼叫中心（如 120、一站式服务中心）应满足业主统一服务需求。

3）电话机房可独立设置，亦可与信息机房合用。电话终端按实际需求配置，并适当预留。在各房间内配置内、外线电话，在公共部位配置公用的内、外线电话和无障碍专用的直线电话。

9.2.9 移动通信室内信号覆盖系统

移动通信室内信号覆盖系统应满足室内移动通信用户语音及数据通信业务需求。系统由信号源和室内天馈线分布系统组成，信号源可分为宏蜂窝或微蜂窝等基站设备和直放站设备；室内天馈线分布系统宜采用集约化方式合路设置成一套系统，也可各自分别独立设置。本系统的接入应满足多种技术标准的无线信号接入，频率范围应为800~2500MHz频段。系统的信号场强应均匀分布到室内地下室、地上各个楼层、前室、楼梯间和电梯轿厢中。室内信号覆盖的边缘强度值不应小于-75dBm。室内信号覆盖与室外基站信号覆盖之间，信号应能无缝越区切换且无掉话。

本系统一般由铁塔公司或运营商负责设计和实施，室内信号覆盖系统机房可独立设置，亦可与信息接入机房、电话机房或信息机房等合用。机房引出至系统最远收发天线的馈线距离不宜超过200m；当距离超过200m时，应采用单模光缆及光纤射频放大器等覆盖方式。垂直线缆宜敷设在弱电间的金属槽盒内，水平线缆宜敷设在金属槽盒或导管内，水平金属槽盒可单独敷设亦可与弱电槽盒合用。系统的功分器、耦合器等器件可安装在金属槽盒或金属分线箱内。弱电间内应预留运营商的设备电源和安装空间。

9.2.10 时钟系统

1. 时钟系统组成及功能

时钟系统主要由全球定位系统（GPS）/北斗卫星、标准时间信号接收单元、母钟（多重冗余）、网络时间协议（NTP）服务器、接口单元、监控终端、模拟式及数字式子钟以及通信通道等组成。系统组成框图如图9-2-6所示。

母钟接收GPS/北斗卫星标准时间信号，产生精确时间码，采用RS422或以太网标准通信接口与子钟及其他各信息网络系统和电子设备进行通信，从而保证整个系统时间与卫星标准时间同步。母钟宜采用主机、备机配置方式，主机、备机之间实现自动或手动切换；当系统规模较大或线路传输距离较远时，可设置二级母钟，

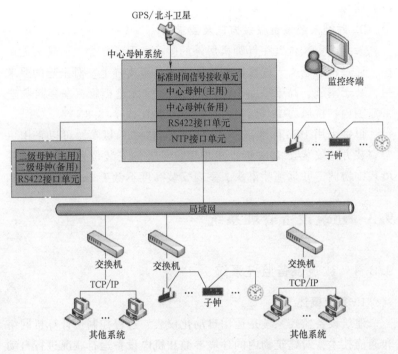

图 9-2-6　时钟系统组成框图

并与中心母钟保持同步。

2. 系统设置

在信息机房内设置 GPS/北斗卫星、标准时间信号接收单元、母钟、NTP 服务器、网络接口箱、监控网管；楼顶安装 GPS 或北斗卫星接收模块的室外接收天线，并应加装防雷保护器。模拟式及数字式子钟分别设置在医院需要指示时间的场所。数字式子钟宜设置在医院的护士站、手术室、麻醉室、服务台、候梯厅、候诊厅、导医区、贵宾室、走廊、会议室和值班室等处所；其中手术室专用的倒计时子钟，多采用三联显示，分别指示北京时间、手术时间和麻醉时间，在正常情况下跟随母钟工作；在手术时调节到倒计时计时状态（如麻醉时间倒计时）。模拟式子钟宜设置在医生办公室、护士办公室或其他公共办公场所等。母钟到子钟之间的传输通道超五类及以上双绞线或光纤，接口标准为 RS422/485 或基于 NTP 的以太网接口。

3. 时钟系统设备安装方式及要求

天线的安装位置在母钟机房外的屋顶，保证至少三面见天无遮挡，通过将蘑菇头天线紧固螺栓固定在垂直支杆上。对土建的要求是：装于室外，高于平面 1.5m 以上；上空无遮挡物；在建筑物避雷范围内；抗风力 12 级，抗拉拔力 400kgf（1kgf＝9.8N）。

母钟采用 19in 标准高 2U （1U＝4.445cm）机箱，可以采用机架安装方式安装在 19in 标准机柜里。子钟的安装位置应与建筑环境装饰协调，并远离喷淋头，室内安装高度不低于 2m。

9.3　建筑设备管理系统

9.3.1　建筑设备监控系统

1. 系统概述

建筑设备监控系统是运用自动化仪表、过程控制、计算机网络和通信技术，对建筑物内的环境参数和机电设备运行状况进行自动化检测、监视、优化控制及管理。系统建设的主要目标是优化建筑物内机电设备的运行状态，节省机电设备能耗，提高设备自动化监控和管理水平，为建筑物内提供良好环境，提高运行和管理人员效率，减少运行费用。系统设计应合理配置，建立分布式控制网络系统，具备一定的灵活性和开放性，便于今后运行管理、维护检修以及系统调整和扩展。

2. 系统结构

根据系统规模及医院建筑功能要求，系统基本采用三层或两层网络结构，三层网络结构由管理、控制、现场三个网络层构成，其中管理层完成系统集中监控和各子系统的功能集成；控制层完成建筑设备的自动控制；现场层完成末端设备控制和现场仪表的信息采集和处理。

建筑设备监控系统由管理工作站（含操作系统软件和应用软件）、网络控制器（或网络接口）、现场控制器（DDC）、各类传感器、仪表及执行机构组成。采用集散式控制系统，管理工作站与现场控制器采用通信网络连接。本系统具备与其他系统通信的软件接口，并提供简洁的图形化界面，并可以及时获取各种设备的运行状态、运行参数、故障及报警等信息。

系统采用 TCP/IP 以太网进行传输，DDC 通过网络 TCP/IP 或总线方式连接上位机软件工作站。建议采用 TCP/IP 方式组网，这样系统更易于扩展，兼容性强。DDC 设置在空调机房、新风机房、送排风机房等位置。分布在现场各处的 DDC 可独立运行，即使局部网络连接发生中断，也可以根据事先编制的程序自动进行操作。DDC 电源由就近的动力配电箱（电气专业）提供 AC 220V，电源线单独穿管敷设至各 DDC 箱内。

3. 系统主要监控内容

根据医院建筑设备专业工艺要求，对建筑物内的新风机组、空调机组、通风系统、给水排水系统、冷热源系统、供配电系统、柴油发电机组、智能照明系统、电梯系统、净化空调系统、医用气体系统、物流传输系统等通过建筑设备监控系统进行监测及节能控制。

（1）新风机组的监控

1）新风机与新风阀应设联锁控制，并设置新风机的手动/自动起停控制。

2）寒冷地区新风机组应设置防冻开关报警和联锁控制。

3）新风机组应设置送风温湿度自动调节系统，宜根据送风温度调节水阀开度。

4）送风温度设定值应根据供冷和供热工况自动调整。

5）根据室内 CO_2 浓度自动调节送风量；人员密集场所且变化较大的场所，可根据室内 CO_2 浓度或人流量监测，自动调节送风量。

6）监测新风温湿度、送风温湿度；监测新风过滤器两侧压差，压差超限报警；监测机组手/自动状态、故障状态、运行状态及起停状态，监测风机、水阀、风阀等设备的运行状态及起停控制；监测室外温湿度，作为控制的参考依据。

7）当新风机组采用自带完整的控制系统设备时，应预留通信接口，纳入建筑设备监控系统。

（2）空调机组的监控

1）空调机组应设置风机、新风阀、回风阀、水阀的联锁控制，并应设置空调机组的自动/手动起停控制。寒冷地区的空调机组应设置防冻开关报警和联锁控制。空调机组宜能根据季节变化调节风阀的开度。

2）在定风量空调系统中，根据回风或室内温度设定值，比例积分连续调节冷水阀或热水阀开度，保持回风或室内温度不变；根据回风或室内湿度设定值，开关量控制或连续调节加湿除湿过程，保持回风或室内湿度不变。定风量系统宜根据回风或室内 CO_2 浓度控制新风量的比例。

3）在变风量空调机组中，风机应采用变频控制方式，对系统最小风量进行控制；送风量的控制应采用定静压法、变静压法或总风量法。

4）空调机组的监测应有送回风的温湿度监测，空气过滤器应设置两侧压差监测和超限报警、室外（或新风）温湿度监测、机组的自动/手动及起停状态的监测；当有 CO_2 浓度控制要求时，应设置 CO_2 浓度监测。

5）当空调机组采用自带完整的控制系统设备时，应预留通信接口，纳入建筑设备监控系统。

（3）联网风机盘管的监控

医院公共区域的风机盘管宜采用联网风机盘管监控系统，联网风盘控制器应能提供四管制的热水阀、冷冻水阀连续调节和风机三速控制，冬夏季自动切换两管制系统。联网风盘控制器应有以太网或现场总线通信接口，可通过建筑设备监控系统来控制风机盘管的起停和温度调节，亦可采用自成系统的设备。

（4）变风量空调系统末端装置的监控

优先选择变风量末端一体化控制装置，直接安装在变风量箱上，监测系统末端房间的温度、静压以及系统末端装置的风量；能够通过控制器调节变风量空调末端送回风风门开度及控制变风量空调末端再热器开关。

(5) 通风系统设备的监控

监测各风机运行状态、自动/手动状态、故障报警信号及累计运行时间；按照使用时间来控制风机的定时起/停。地下停车库根据车库内 CO 浓度或车辆数控制通风机的运行台数和转速。对于变电所、电梯机房等发热量和通风量较大的机房，可根据室内温度控制风机的起停、运行台数和转速。

(6) 给水排水系统监控

医院给水系统一般采用恒压变频给水系统，自成系统，应预留标准通信接口纳入建筑设备监控系统。污水池应设置液位计测水位，高液位信号用于启泵，低液位信号用于停泵，溢出液位宜起动两台污水泵并报警；并应设置污水泵运行状态显示、故障报警；当主泵故障时，备用泵应自动投入；根据运行时间应能轮起水泵。排水系统的控制器应设置手动、自动工况转换。

(7) 其他系统的监控

供配电系统、柴油发电机组、智能照明系统、电梯系统、净化空调系统、医用气体系统、物流传输系统及制冷机房的冷热源系统等宜采用自成体系的专业系统，并应预留标准通信接口纳入建筑设备监控系统。消火栓泵、喷淋泵、消防稳压泵、排烟风机、补风机、加压风机等消防专用设备不纳入建筑设备监控系统。

9.3.2 建筑能效监管系统

1) 能效监管系统设计应符合现行国家标准《民用建筑电气设计标准》（GB 51348—2019）、《公共建筑节能设计标准》（GB 50189—2015）和《公共建筑能耗远程监测系统技术规程》（JGJ/T 285—2014）的规定；应根据医院建筑用能特点和节能管理要求确定能源种类、监测深度和系统结构，能效监测应覆盖建筑使用的主要能源，反映建筑实际用能特点与规律，满足建筑节能管理实际。

2) 能效监管系统主要对建筑物内用电、水、冷热量、燃气及各科室氧气流量等能耗进行分类计量，其中用电能耗应按建筑用电总量、照明插座分项用电量、空调分项用电量、动力分项用电量、特殊分项用电量进行数据采集、动态监测和统计分析，实现建筑物内用能的管理；通过能效监管平台，将建筑物内的能耗数据进行处理并将数据远传至上一级的能源管理数据中心。

3）能效监管系统采用管理层和监测层两层网络架构。管理层建立在医院智能化设备专网上，负责数据存储、数据处理、数据传输以及本建筑物监测网络运行管理。监测层为总线结构，负责能耗数据采集和现场设备的运行状态监控及故障诊断。

9.4 公共安全系统

安全技术防范系统主要包括安全防范综合管理（平台）、视频安防监控、出入口控制、入侵报警、电子巡查、停车库（场）管理系统等。安全技术防范系统设计应运用传感、电子信息、网络、信息处理及其控制、生物特征识别、自身物理防护等技术，构建安全可靠、先进成熟、经济适用的安全防范系统。系统设计应以结构化、网络化、集成化的方式实施，应能适应系统维护和技术发展的需要，并能顺利过渡到下一代技术。

9.4.1 视频安防监控系统

1）视频安防监控系统由前端设备（网络高清摄像机、电梯专用摄像机、人脸识别摄像机、物联网监控摄像机等）、传输网络、管理控制设备、显示设备及存储设备等组成。

2）根据不同监控区域选择不同类型的摄像机（半球、枪式、一体化、室外防水、电梯专用摄像机及制高点摄像机等），对外出入口选用宽动态人脸识别摄像机。在医院内走廊、电梯厅、楼梯前室、护士站等公共场所设置网络枪式摄像机；发药处、抢救室、病案室、血库、重要及贵重药品库、住院药房、财务室、收费处、信息机房等处设置红外网络半球摄像机，红外距离 15m。在地下车库等没有吊顶的地方选择红外网络枪式摄像机，红外距离 30m。在医院各入口大厅选择网络快球，红外距离 30m。在各出入口门口外设置室外网络防水全球摄像机，红外距离 100m。在电梯内设置电梯专用摄像机。在急救中心、导诊台、护士站、谈话室等容易发生医疗纠纷的区域，设置拾音器进行同步录音录像取证。

3）医院监控图像信息和声音信息应具有原始完整性，视频监控存储时间宜按 90 天考虑。手术室、分娩室及门诊手术等区域的视频监控宜单独存储或对数据进行加密处理。

4）系统应能独立运行，也能与入侵报警、出入口控制、火灾自动报警、电梯控制等系统联动。系统应预留与安全防范管理系统联网的接口。

5）物联网摄像机。物联网摄像机将普通监控摄像机与物联网基站融合，具备原有视频监控功能，同时可接收全频段物联网终端信号（125kHz、433MHz、LoRa、BLE、ZigBee、RFID 等），感知距离为 3~50m，符合监控布点原则，不增加额外通信线路和供电线路，借助智能化设备专网完成数据传输。

物联网摄像机包括半球和枪式。根据现场实际位置，宜采用组合方式进行，电梯、室外等特殊场所采用传统摄像机，室内走廊、门厅等公共区域采用物联网半球摄像机，地下室、消防通道采用物联网枪式摄像机。物联网摄像机占监控点位数量 70% 以上，即基本实现物联网全院区信号覆盖。物联网覆盖完成，可实现无线入侵报警、可视化巡查、移动式一键报警等物联网应用子系统。物联网摄像机组网拓扑图如图 9-4-1 所示。

9.4.2 入侵报警系统

入侵报警系统一般由前端设备（探测器、紧急报警装置等）、传输网络、管理/控制设备、显示/记录设备等组成。

入侵报警系统根据信号传输方式的不同主要有总线制、无线制和网络制。

1）总线制系统模式：探测器、紧急报警装置通过其相应的编址模块与报警主机之间采用总线相连。

2）无线制系统模式：采用物联网方式进行信号传输，采用 LoRa 和 433MHz 方式传输。系统包括物联网红外探测器、无线报

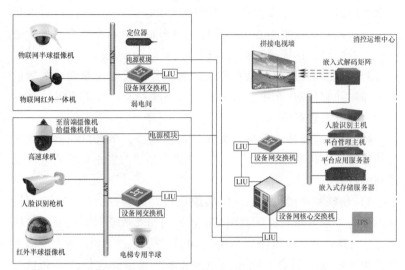

图 9-4-1 物联网摄像机网络拓扑图

LIU—光纤配线架

警按钮、医护智能工卡、物联网基站（物联网摄像机）、物联协同平台（含入侵报警管理软件）。

3）网络制系统模式：探测器、紧急报警装置通过网络传输接入设备或摄像机与报警控制主机之间采用网络连接。

在毒麻药品、收费处、贵重仪器间等处宜设置双鉴探测器，在护士站、咨询台、分诊台、各服务窗口、急诊诊室等处宜设置手动报警按钮。

入侵报警系统设计内容应包括安全等级、探测、防拆、防破坏及故障识别、设置、操作、指示、通告、传输、记录、响应、复核、独立运行、误报警与漏报警、报警信息分析等。在重要区域和重要部位发出报警的同时，应能对报警现场进行声音和（或）图像复核。系统应预留与安全防范管理系统联网的接口。

9.4.3 可视化巡更系统

普通巡查方式是根据班次对巡更点位置进行在线或离线方式打卡巡更，在安保中心取得打卡数据或在线方式直接获取巡更数据。

可视化巡更系统的安保人员佩戴智能处警终端，既可实现传统对讲功能，巡更过程通过扫描二维码或者 NFC 识别方式实现，巡更信息实时通过 4G 或 5G 网络上传，安保人员的实时定位并记录巡查轨迹，联动摄像机视频复核。系统包括智能处警终端、NFC 巡查标签、物联网基站（物联网摄像机）和物联协同平台（巡更管理软件）。系统功能如下：

1）巡查路线、巡查结束后进行路线回放及巡更点标记，定义班次和人员，视频追踪回放和预设轨迹的复核。

2）通过手持的智能处警终端对二维码进行扫描，巡更标签同时支持 NFC 读取，也可通过手台 NFC 功能自动识别。

3）扫描后生成本次巡更记录，数据通过巡更管理软件自动上传到后台，并通过智能巡查工卡在协同运营平台上进行实景轨迹展示。

4）巡更路线的视频可与路线规划绑定，通过视频、智能巡查工卡轨迹、二维码识别，实现全程可视化巡更医院安保主要区域（如岗亭、消防控制室、职能科室等）。

5）通过智能巡查工卡，实时获取定位点信息和轨迹，按时间进行回放。

6）巡更过程中发现任何问题，可通过智能处警终端拍照上传，上传数据同巡更班次、人员绑定，供后期查询。

9.4.4　移动式一键报警系统

医护人员可通过随身携带的医护智能工卡，进行移动报警求助，工卡发出报警信息由物联网基站（物联网摄像机）接收，提供报警人员所在楼层和房间位置信息，并实时跟踪刷新，联动视频监控系统实时查看实时影像，系统包括医护智能报警工卡、物联协同平台（接警中心软件）等。移动式一键报警系统的功能如下：

1）按动医护智能工卡，报警信息能快速传输到控制中心，医护智能工卡为无线传输方式、可充电、可显示报警和充电状态，并可随身携带。

2）接到报警信息后，监控中心的警笛应响起，提示监控人员发生警情，显示屏提示报警信息，同时监控主机上的显示屏上显示发生警情位置的电子地图，并显示报警人等信息，进行语音播报位置信息，并且系统能及时启动预案处理。医护智能工卡具有移动定位功能，定位要求误差不超过 10m，实现区域覆盖，显示报警区域。

3）报警系统具备自动发送短信的功能，系统接到报警信息后，应能自动向已配置的相关联系人发送警情短信。

4）系统提供事件处理过程记录功能，所有历史报警信息可查，并可进行汇总，分析报警区域、报警时间、报警类型、报警趋势等。

5）安保人员可以通过自带的智能处警终端发送巡查位置，指挥中心可以自动进行轨迹巡查，对安保人员的接警行为、报警后处理时间和路线进行记录和评估。

9.4.5 出入口控制系统

出入口控制系统主要由前端识读装置与执行机构、传输单元、处理与控制设备以及相应的系统软件组成，具有放行、拒绝、记录、报警等基本功能。

病区门口、信息网络机房、消防控制室等处采用可视对讲门禁或人脸识别可视对讲门禁；人员较为固定的科室部门可采用人脸识别门禁；挂号收费、各科室及院方部门办公区、药房、检验中心、手术区、中心供应、ICU、变电所、重要的设备机房、屋顶楼梯间、医护电梯等处建议设置门禁。疏散通道上设置的出入口控制装置必须与火灾自动报警系统联动，在火灾或紧急疏散状态下，出入口控制装置应处于开启状态。

系统宜与医院一卡通平台统筹建设，并宜具有与入侵报警系统、视频安防监控系统联动的功能。

9.4.6 停车库（场）管理系统

停车库（场）管理系统目前主要采用车牌识别方式，系统主要由停车场入口、停车场出口、管理中心、移动端、智能停车引导及反向寻车等设备组成，通过前端出入口的数据采集、上传和调用处理等，实现停车场出入口管理功能及快速停车找车功能。视频免取卡收费系统结构拓扑图如图 9-4-2 所示。

停车场出入口由卡口专用摄像机（主辅机）、道闸、车辆检测器、地感线圈等设备构成。管理中心主要由收费系统服务器、后台管理计算机、岗亭计算机等设备构成。移动端主要由云平台、智能手机、手持收费终端等组成，可根据实际应用需求选择开通。智能停车引导及反向寻车系统通过视频图像拍摄及处理技术，实现了通过输入车牌号，显示车主及车辆所处的位置，帮助车主尽快找到车辆停放的区域。

本系统应自成网络独立运行，亦可与安防综合管理系统联网；应与火灾自动报警系统联动，在火灾时联动打开电动栏杆机。

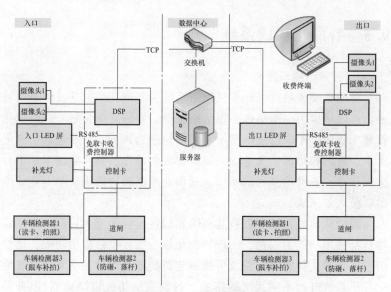

图 9-4-2 视频免取卡收费系统结构拓扑图

9.4.7 平安医院综合管理（平台）系统

平安医院综合管理平台是安全防范系统集成与联网的核心，其设计应包括集成管理、信息管理、用户管理、设备管理、联动控制、日志管理、统计分析、系统校时、预案管理、人机交互、联网共享、指挥调度、智能应用、系统运维、安全管控等功能，并符合现行标准《安全防范工程技术标准》（GB 50348—2018）中的规定。

9.4.8 应急响应系统

应急响应系统应以火灾自动报警系统和安全技术防范系统为基础，应能对火灾、自然灾害、安全事故、公共卫生事件等突发事件实时报警与分级响应，及时向上级报告，并启动相应的应急预案。应急响应系统应配置有线或无线通信、指挥调度系统、紧急报警系统、消安联动、应急广播与信息发布联动等。系统设备可设在应急响应机房或安防监控中心内。

9.5 智能化集成系统

1. 系统组成与架构

智能化集成系统以计算机网络系统为基础，通过开放的平台将多个系统集成为一个整体，以信息融合、资源共享为核心，以优化管理为目的，不应以统一显示和集中控制为目标。系统包括信息集成平台系统和集成信息应用系统，主要由操作系统、数据库、平台应用程序、各类信息通信接口、通用业务基础功能模块及专业业务运营模块等组成。

智能化集成系统应以智慧医院和绿色医院建筑为目标，以建筑物自身使用功能为依据，实现智能化综合服务平台应用功效，确保信息共享和优化管理，系统可根据建筑物的规模和使用要求对智能化各子系统进行不同程度的集成。目前系统集成以浏览器/服务器（B/S）架构居多。

2. 系统设计

（1）智能化集成系统的功能

1）应满足建筑的业务功能、物业运营及管理模式的应用需求。

2）应采用智能化信息资源共享和协同运行的架构形式。

3）应具有对接智慧城市信息交互、协同共享的基础条件。

4）宜综合运用地理信息系统（GIS）、BIM、3D可视化等多种技术实现对集成系统的全面展示，具有实用、规范和高效的管理功能。

5）宜能与可视化运维平台相结合，满足运营管理及系统维护的需要。

6）宜满足远程及移动应用的需要。

7）宜符合5G、云计算、大数据、物联网、智慧城市等信息交互多元化和新应用的发展。

8）应具有中文的图形操作界面、生动形象的图形标志、简单便捷的功能菜单、绝对/相对显示的功能窗口。

（2）智能化集成系统的架构

1）应以满足智能化集成系统功能要求为基础，采用合理的系统架构形式和配置相应的平台应用程序及应用软件模块，实现智能化系统信息集成平台和信息化应用程序运行的建设目标。

2）智能化集成系统架构如下：

① 集成系统平台，包括设施层、通信层、支撑层。

② 集成信息应用系统，包括应用层、用户层。

③ 系统整体标准规范和服务保障体系，包括标准规范体系、安全管理体系。

3）在工程设计中应根据项目实际状况，采用合理的架构形式和配置相应的应用程序及应用功能模块。

（3）智能化集成系统的通信互联

1）应具有标准化通信方式和信息交互的支持能力，符合国际通用的接口、协议及国家现行有关标准的规定。

2）通信接口程序包括实时监控数据接口、数据库互联接口、视频图像数据接口等类别。

3）实时监控数据接口应支持RS232/485、TCP/IP、应用程序编程接口（API）等通信形式，支持BACNet、OPC、Modbus、简单网络管理协议（SNMP）等国际通用通信协议；数据库互联接口应支持开放数据库互联（ODBC）、API 等通信形式；视频图像数据接口应支持 API、控件等通信形式，支持 HAS、RTSP/RTP、HLS 等流媒体协议。

4）通信内容应满足集成系统的业务管理需求，包括对建筑设备的各项重要参数及故障报警的监视和相应控制，对信息系统定时数据汇集和积累，对视频系统实时监视和控制与视频回放等。

9.6 新基建

9.6.1 机房工程

医院机房工程主要包括信息接入机房、有线电视前端机房、信息网络机房、电话机房、消防安防控制中心、智能化总控室（后勤管控中心）、智能化设备间等。其中信息网络机房、消防安防控制中心、智能化总控室（后勤管控中心）是医院机房建设的重中之重。机房设备供电电源的负荷等级及供电要求应满足各相应规范要求。机房宜设置专用配电箱。

医院机房工程建设内容在此不再赘述，具体详见《智慧数据中心电气设计手册》一书。

9.6.2 医疗物联网

医疗物联网应基于 IP 设备实现组网方式的融合，采用物联网摄像机、融通单元、微基站、物联网模块及物联网 AP 等设备的结合，根据医院场景要求实现 125kHz、433MHz、LoRa、BLE、Zig-Bee、RFID 等频段，低频近距离感知定位与远距离信号传输覆盖。物联网应用区域包括室内公共区域、病区、地下室、室外区域等，根据应用场景，可采用不同的组网方式或混合组网方式。目前主要有融通单元建设组网、数通 AP 整合组网和物联网摄像机可视化组网三种方式。

1. 融通单元建设组网

融通单元内部应包含 125kHz、433MHz、LoRa、BLE、ZigBee、

RFID 等射频模块，融通单元室内物联网信号覆盖半径为 0~50m。病区应采用微基站可实现病房内信号覆盖，微基站标配蓝牙、125kHz，并预留物联网模块插槽扩展。

2. 数通 AP 整合组网方式

物联网 AP 内置物联网模块卡槽，可通过物联网 MINI-PCI 模块，现与 AP 与微基站的扩展连接；病区内的无线 AP 可采用基站 AP+分支 AP 结构，采用 POE 输出与微基站连接。

3. 物联网摄像机可视化组网

利用监控网络冗余带宽实现通道共享，采用物联网摄像机方式组网，系统结构详见 9.4.1 节。

5G 是目前新一代蜂窝移动通信技术，5G 的性能目标是高数据速率、低延迟、提高系统容量和大规模设备连接等。目前 5G 技术在医院建筑中的应用场景主要有移动救护、移动查房、远程手术及远程会诊等。

第10章　医疗专用系统

10.1　呼叫信息系统

10.1.1　候诊呼叫系统

1. 基本原理

系统基于 B/S 及客户端/服务器（C/S）相结合的系统架构，可无缝对接医院信息系统（HIS）、实验室信息系统（LIS）、影像归档和通信系统（PACS）、医院微信公众号、预约管理平台等信息系统，主要应用于医院门诊部、医技部、检验科、药房等，通过语音和信息显示，帮助医院实现智能分流，引导患者有序就诊，兼顾了医生与医生之间、医生与导诊台护士之间的双向通话功能，亦为医护人员提供便捷可靠的通信方式。

2. 系统构成

系统主要由系统服务器、健康宣教管理软件、门诊排队导诊软件、医技排队导诊软件、医生叫号对讲软件、硬件叫号器、候诊区综合显示屏、取药窗口屏、诊室门口屏、网络对讲分机、自助签到机、功放扬声器、线材及交换机等组成。

3. 主要功能

候诊排队叫号系统包含门诊排队系统、医技排队系统、取药排队系统、抽血排队系统、体检排队系统等，通过窗口显示设备（LCD 等）、自助签到机（或自助查询终端一体机）、诊区扬声器等发布通知进行排队管理，引导病人有序地进行就诊、检验等。

4. 系统设置

1）系统服务器：设置在信息中心机房，支持与 HIS、LIS、PACS 等数据对接，对接方式包括视图对接、WebService、HTTP 等多种方式进行协议对接，主要为各子系统提供数据接入服务及对终端设备设置和管理，含门诊、医技、体检、抽血、取药排队软件模块。

2）健康宣教管理软件：部署在信息中心机房，用于候诊区综合显示屏调用健康宣教素材使用。

3）医生叫号对讲软件：安装在诊室、检查室、取药窗口计算机，用于医生叫号。

4）IP 网络叫号器：部分诊室或窗口未分配有计算机，可部署硬件叫号器。

5）自助签到机（或自助查询终端一体机）：根据每个候诊区面积大小部署一台或多台，用于患者刷卡、扫码，或手动录入患者信息签到。

6）候诊区综合显示屏：根据候诊区面积大小部署一台或多台，吊装或壁挂式安装，尺寸不小于 50in 的一体机，需接入医院内网，220V 供电。

7）诊室门口屏：门口壁挂式或嵌入式安装，离地高度为 1.4~1.6m，建议尺寸不小于 15in，需接入医院内网，220V 供电。

8）医技诊室屏：医技检查室门口壁挂式或嵌入式安装，支持与诊室叫号器语音对讲，离地高度为 1.4~1.6m，建议尺寸不小于 15in 或 22in，需接入医院内网，220V 供电。

9）取药窗口屏：每个窗口部署一台，吊装或壁挂式安装，推荐尺寸不小于 42in。

10）网络对讲分机：医技检查室安装，每个检查室一台，用于和操作室叫号器双向语音通话。

10.1.2 护理呼叫系统

1. 基本原理

护理呼叫系统是医院智能化建设的重要系统，也是智慧病房中实现医护患沟通交流的必配系统之一，在实际应用中，对医护人员及时响应患者请求或突发状况、提升患者满意度有着不可或缺的作用。

2. 系统构成

该系统基于 TCP/IP 网络通信技术，即护士站主机、病房门口机、床头分机等主要设备均采用网络通信，可实现患者、护士、医生相互之间的呼叫及对讲，通过与 HIS 对接，具有病房信息展示、患者信息展示、住院费用查询等信息交互功能。

3. 主要功能

1）系统支持获取 HIS 数据信息，可自动更新并显示患者姓名、年龄、床号、护理级别、责任医生、责任护士、是否空床等信息，实现病区数据共享、病区无纸化等要求，同时也支持独立运行，即当服务器宕机时，本地呼叫报警不受影响。

2）系统能支持病区门禁控制，可接收病区门口机呼叫并实现全双工可视对讲，当患者或家属说话声音小时均可保证通话效果，同时床头分机要能获取 HIS 数据信息（本机可同屏显示患者及护理等信息、病区门口摄像头画面及病区门口网络摄像机画面），可远程控制病区门禁开门。

3）系统可与其他病区护士站主机、医生办公室主机、值班室主机之间双向 1080p 高清可视对讲，便于各病区、科室间交流患者病情及医疗咨询。

4）支持对病区进行全区广播、分区广播、单个床位广播、定时广播，播放文件广播的同时可接听床位分机呼叫，并实现与床位分机对讲通话。

5）系统支持统计并展示病区床位信息，可支持物联网系统接入，展示患者体征检测或图文数据。

6）支持排班功能，对医护人员自动排班、沿用排班、轮循排班，也可对班种进行编辑设置，方便医护人员随时查看每天当班护士和医生，并支持统计医护人员排班信息，方便绩效考核等。

7）支持对全区、分区以及单个病床进行消息发布与通知，并支持统计及展示消息已读、未读的回执信息。

4. 系统设置

1）系统服务器：系统必配，部署在中心机房，支持与 HIS、LIS、PACS 等数据对接，对接方式包括视图对接、WebService、HTTP 等多种方式进行协议对接，主要为系统提供数据接入服务及对终端设备设置和管理。

2）健康宣教管理软件：系统必配，部署在中心机房，用于病房门口机或床旁交互终端调用健康宣教素材。

3）视频会议服务器：系统必配，部署在中心机房，用于病区护士站主机或值班室主机间实现视频会议使用。

4）护士站主机：系统必配，一个护士站一台，桌面式安装，负责接听床头分机的呼叫报警，并全双工对讲，同时还具备与其他科室护士站主机双向视频通话、录音录像及交接班留影留言、病区数据统计、护理排班、全区分区广播等功能，推荐 15in 或以上尺寸屏幕，需接入医院内网，220V 供电。

5）值班室主机：系统必配，每个病区值班室一台，桌面式安装，负责接听床头分机的呼叫报警，具有视频会议功能；推荐尺寸10in 或以上屏幕，需接入医院内网，220V 供电。

6）护士站白板：壁挂式安装在护士站，推荐安装 55in 以上交互式大屏。

7）病房门口机：自带门灯一体式设计，每个病房门口一台，用于展示该房间内各个病人责任医生和护士信息，并可划分区域播放健康宣教视频等信息。

8）床位分机（或床边交互终端）：每个病床一台，嵌入式安装在设备带上，实现电子床头卡，并支持费用查询等功能。

9）液晶显示屏：根据病区走廊大小，合理设置液晶显示屏数量，常吊装于走廊挂角或距离护士站 20m 左右的位置。

10）洗手间防水按钮：安装在卫生间、淋浴间等，符合 IP68 防水等级。

11）访客对讲机：每个病区入口安装一台，可与护士站主机双向视频通话，并支持密码、人脸识别开门开锁。

12）输液报警器：每个病床一台，安装在输液管上，无线传输，用于检测输液滴速，同时输液完毕后可夹止输液管。

13）监护手表：患者佩戴，用于院内外报警定位及体征监测使用。

14）无线报警按钮：残卫（公卫）洗手间安装无线报警按钮，搭配声光报警器使用。

10.1.3　病房探视系统

1. 基本原理

在 ICU、CCU、NICU 等重症监护场所，患者病情危重，且处于空气净化环境中，家属进入重症监护场所进行探视容易将有害细菌带入，对术后或危重患者造成感染影响健康，为此可通过专业视频设备进行隔离探视，由此产生病房探视系统。

2. 系统构成

该系统集触摸显示屏、摄像头、扬声器、传声器等一体机设计，基于 TCP/IP 网络通信技术，可实现家属（院内本地探视或院外远程探视）与患者之间的双向 1080p 高清可视全双工对讲，同时可把双方的探视视频实时录像存储，护士站可自由管理探视时段及时长，并具有呼叫转接、监听监视、插话提醒、终止探视等功能应用，该系统主要由服务器软件、探视管理主机、家属分机、床位分机、支架、访客对讲机、远程探视服务器等组成。

3. 主要功能

1）患者家属前往医院探视区，通过探视设备可向护士站（或值班室）发出探视请求，护士站（或值班室）可接听并将通话转接到相应的床位。

2）探视区家属与重症病房患者通过探视设备可进行双向可视通话，可实现探视双方画面为 1080p 的高清视频，通话采用免提或耳麦全双工模式。

3）系统可设定探视时长，并具有到时提醒与挂断功能，护士站（或值班室）遇特殊情况可对探视双方进行插话提醒或终止探视。

4）系统可通过存储设备对探视双方的音视频进行录制，通过客户端软件可查看、回放探视全过程的音视频。

5）患者可通过探视终端一键呼叫护士站（或值班室），并与护理人员进行双向可视通话。

4. 系统设置

1）系统服务器：系统必配，部署在中心机房，支持与医院HIS、LIS、PACS等数据对接，对接方式包括视图对接、WebService、HTTP等多种方式进行协议对接，主要为系统提供数据接入服务及对终端设备设置和管理。

2）远程探视服务器：部署在中心机房，负责远程数据通过服务器跟内部系统交互，实现内外独立网络的音视频交互。

3）探视管理主机：系统必配，以15in为例，一个护士站一台，桌面式安装，接入医院内网，负责接听家属分机和床位分机的呼叫信息，可实现与家属（院内本地探视或院外远程探视）和患者之间的双向1080p高清可视全双工对讲。

4）家属分机：系统必配，以15in为例，壁挂式安装在家属探视区，根据床位分机数量和探视区面积大小，配置适当数量的家属分机，接入医院内网。

5）床位分机：系统必配，以15.6in为例，每个病床一台，安装在支架上，采用标准POE交换机供电，只需一条网线接到弱电井接入层交换机上，同步信息交互服务器上的患者数据。

6）支架：一个床位一台，配合床位分机使用，抱箍式安装于吊塔上。

7）移动推车：安装床位分机，通过Wi-Fi同步信息交互服务器上的患者数据，同时满足家属分机和探视管理主机间的音视频对讲需求。

8）访客对讲机：每个病区入口安装一台，采用标准POE交换机供电，只需一条网线接到弱电井接入层交换机，可与探视管理主机双向视频通话，并支持密码、人脸识别开门开锁。

10.1.4 手术室内部对讲系统

1. 基本原理

对于手术而言，时间就是生命，便捷的沟通调度就是生命的保障，因此通过一套专业化的对讲、广播、信息发布的系统来提高医院手术效率的需求迫在眉睫。为了解决此问题，该系统利用医院现有网络传输（可跨网段跨路由），专用于手术（术前、术中、术后）广播对讲、手术的相关信息公示及其他紧急情况的应急报警，为医院内部人员之间的沟通调度提供了更直接有效的方式，提高了工作效率，也为患者手术的成功提供了保障。

2. 系统构成

系统主要包含护士站主机、可视分机、手术状态显示屏等；系统专用于手术室与护士站之间、手术室与手术室之间，以及手术室其他区域之间的双工可视对讲、求助呼叫、一键报警、录音录像、公共广播等，并能同步实时公告手术情况。

3. 主要功能

1）可视对讲：系统支持手术室与护士站、手术协同间均可高清可视全双工对讲。

2）呼叫转移：系统支持将手术室呼叫信息转移到其他主机。

3）数据对接：系统支持与 HIS、LIS、PACS 等相关系统进行应用集成与数据交互。

4）一键呼叫：手术室分机可一键呼叫系统内任一设备。

5）广播播放：支持 MP3 文件广播、喊话广播、外接音源广播。

6）录音录像：系统支持对通话过程音视频的本地存储，并可本机查询播放。

7）信息显示：在等候区配备手术公告显示屏，可实时显示手术动态信息和宣教信息。

4. 系统设置

1）服务器：系统必配，部署在中心机房，支持与 HIS、LIS、PACS 等数据对接，对接方式包括视图对接、WebService、HTTP 等多种方式进行协议对接，主要为系统提供数据接入服务及对终端设备设置和管理。

2）可视对讲主机：桌面式安装在手术室护士站，实现与手术室双向语音通话，设备需接入医院内网，220V 供电。

3）双向可视分机：壁挂式安装在手术室内，建议尺寸不小于 10in，可实现手术室与手术室、手术室与护士站双向可视对讲，设备需接入医院内网，220V 供电。

4）访客门口机：每个病区入口安装一台，采用标准 POE 交换机供电，只需一条网线接到弱电井接入层交换机上，可与手术室主机双向视频通话，并支持密码、人脸识别开门开锁。

5）信息显示屏：每个手术等候区部署一台，作为手术状态显示屏使用，方便家属了解患者的手术进度，建议设备尺寸不小于 50in，设备需接入医院内网，220V 供电。

10.2　医疗物联网专用系统

10.2.1　婴儿防盗系统

1. 基本原理及系统构成

全院区婴儿防盗系统基于物联网摄像机与融通单元组成的可视化医院物联网设计，通过在婴儿脚踝佩戴对婴儿无害的 RFID 婴儿防盗标签，为新生婴儿佩戴无毒副作用、具有 ROHS 认证的婴儿防盗专用腕带，通过覆盖全院的可视化医院物联网与婴儿防盗标签的无线信息传输感应，对婴儿的状态进行实时监控和追踪。系统带有母婴追踪界面，护理人员可通过护士工作站软件查看所有标签和设备的当前状态，也可以看到已入住本病区的产妇住院信息，如有这些信息，可以方便地显示在护士站的监控终端上，建议采用触摸屏操作终端，操作方便。佩戴 RFID 婴儿防盗标签的婴儿未经授权被抱到病区出口，系统就会发出紧急报警信号通知医护管理人员，并可实现与门禁系统的联动，依托可视化医院物联网，佩戴婴儿防盗标签的婴儿脱离产科区域时可对被盗婴儿进行轨迹定位，报警事件可向护士站、消控中心、安保人员智能处警终端多端发送，医院相关人员可迅速采取相关行动根据系统报警定位提示第一时间采取行动找回走失婴儿。所有系统事件及用户操作情况都被保存到数据库中，在需要时可以方便地进行查询。

2. 主要功能

当新生婴儿在产房出生后进入护士站护理专区后，由护理人员佩戴好防盗标签同时在护士站客户端软件中输入标签所对应的婴儿信息，如床号、母亲姓名等参数，标签将自动登录到系统中，接受系统的监控和保护，在系统中可实时监测婴儿位置信息。

在未经系统授权情况下，有人无意或故意破坏标签，系统将发出警报，提示值班医护人员及时核实情况并采取紧急应对措施。

各个病区的出口处安装物联网摄像机（相当于出口监视器），当标签靠近出口控制区域时，系统立即发出报警信号，提示护理及保安人员采取措施，同时触发安装在出口处的声光报警器（另可以实现与门禁系统联动）。

婴儿房间内安装定位器/微基站将婴儿的位置精确定位到房间级，同时实时记录婴儿的移动轨迹。

通过覆盖全院的可视化医院物联网，可实现婴儿防盗标签的全院轨迹追踪。

母婴出院前，需要被授权的医护工作人员首先核对婴儿信息，然后在系统软件中完成"母亲出院操作"，解除标签报警保护，婴儿方可出院。

3. 系统设置

婴儿防盗系统配置见表 10-2-1。

表 10-2-1　婴儿防盗系统配置表

设备名称	设置位置	功能描述
融通单元	走廊公共区域	实现房间内业务应用接入
微基站	新生儿病房内	实现婴儿房间级物联网信号覆盖
婴儿防盗标签及腕带	产房每位新生婴儿随身佩戴	发送无线射频信号
定位器	各产房	将婴儿位置精确到房间级
物联网摄像机	各病区出入口	视频监控，接收婴儿标签信号，并进行视频复核与定位(出口监视器)
无线警号(复用)	各病区出入口	异常声光报警

设备名称	设置位置	功能描述
婴儿防盗护士站主机+客户端	各病区护士工作站	婴儿信息录入与编辑,实时监测婴儿位置信息
物联网摄像机(复用)	全院区(除产科)其他位置	视频监控,接收婴儿标签信号,并进行视频复核与定位

10.2.2　医疗资产设备管理系统

1. 基本原理及系统构成

医疗资产设备管理系统是通过设置的定位器为医院管理人员提供主动、实时的资产位置信息,并对设备进出特定的区域发出提示信息。在医院病区所有病房、治疗室、医生办公室以及走廊等关键区域设计响应的定位器;在门诊急诊区,所有的诊室、功能区等候区、走廊等关键位置安装定位器。在建立全院级别监控中心基础上,再提供以病区为单位的分监控中心,可按权限查找资产的具体位置,统计资产甚至是分析使用情况。

2. 主要功能

（1）设备全生命周期管理

设备全生命周期在功能实现上主要分为 6 个模块,即设备购入、设备档案、维修管理、设备质控、合同管理和效益分析,从 6 个方面对设备资产进行记录管理。

（2）资产设备一键盘点

固定资产和高值耗材上粘贴识别标签,利用手持机可对科室资产进行快速盘点。系统支持通过 PDA 进行盘点工作,可支持二维码扫描或 RFID 感应式盘点。

（3）有源标签设备一键盘点

在共享移动医疗设备上隐蔽安装物联网防拆有源标签,标签时刻发送位置信息,医护人员通过手机或者护士站计算机随时查看位置信息,及时快速找到要用的设备。

（4）共享医疗设备一键查找

对经常性移动的固定资产，如手术室相关器械设备，进行实时定位监控，及时掌握其位置情况，医护人员可通过后台系统快速获知所需设备位置，用于紧急情况下的资产设备快速查找。

（5）周转率有据可查，考核设备绩效

在用电医疗设备上加装支持物联网传输的电流健康检测仪，标签分为 220V 及 380V，通过电流健康检测仪记录每一个医疗设备的实际使用时间，使用时间与使用频次关联，包括便携式医疗设备的每日轨迹频率，提供完整的医疗设备使用率的分析结果。

3. 系统设置

医疗资产设备管理系统配置见表 10-2-2。

表 10-2-2　医疗资产设备管理系统配置表

设备名称	设置位置	功能描述
融通单元	走廊公共区域	实现房间内业务应用接入
微基站	设备所在房间	实现设备房间级物联网信号覆盖
高频基站	楼层出入口	实现设备出入口记录
定位器	各库房	将设备位置精确到房间级
有源资产标签	可移动医疗资产	发送 LoRa 感应信号，上报设备位置
无源资产标签	高值耗材	高值耗材盘点记录
电流标签	大型固定资产	实时监测设备用电健康
物联网摄像机	各病区出入口	视频监控，接收资产标签信号，并进行视频复核与定位（出口监视器）
医疗资产管理主机+客户端	各病区护士工作站	设备信息录入与编辑，实时监测，设备异常信息上报显示

10.2.3　医废管理系统

1. 基本原理及系统构成

医废收集人员来到医疗室进行交接后，利用医废小车上自带的蓝牙秤和蓝牙打印机，称重并打印标签，贴在医疗废弃物专用扎带上，并且利用随身携带的 PDA 扫码上传医疗废物类别信息，系统生成每个医疗废物袋的追溯信息。

基于可视化医院物联网，利用医废小车上绑定一个持续使用2年的资产定位标签，做到医院内部实时定位，轨迹查询、回放。

把搜集到的废弃物依次存放在废弃物暂存点，形成废弃物入库记录，PDA记录入库时间，入库超过48h报警提示。

把暂存点的废弃物，进行出库，利用PDA上传出库记录。

销毁厂进行统一销毁，比对出库废弃物重量和销毁废弃物重量，若系统识别重量不一致，进行报警处理。

2. 主要功能

1）通过建设医院医疗废弃物信息化监管平台，对本医院内所有医疗废弃物进行全领域覆盖，全天候数据监管。

2）实时将医废采集、运输和存储设备的运行参数发送到控制中心，使监管人员全面掌握各个机构的医疗废弃物产生、回收、处置情况。

3）利用"物联网+"的模式，在医疗废弃物收集、清运、存储的全过程跟踪管理和实时监控。

4）通过可视化医院物联网和定位装置，使清洁人员的行动轨迹精准定位，有效地提供医疗废弃物溯源的轨迹服务。

10.2.4 医院被服管理系统

1. 基本原理及系统构成

在医院若干位置部署相应的物联网柜，如布草发放柜（以下简称L柜）、工服发放柜（以下简称U柜）和脏污织物回收柜（以下简称R柜），流程如下：

1）配净：洗衣房配送人员将洗干净的布草和工服分别放入L柜和U柜中，物联柜系统将相应的信息微信形式推送给相应医护人员和相关负责人。

2）领净：医护人员和相关负责人通过刷卡、微信扫一扫、扫描手机上的二维码，或人脸识别（可选）等多种方式在L柜和U柜进行领取。

3）还脏：医护人员将待洗的脏污织物投放进相应的R柜（可选分类回收），系统会自动识别数量。

4）收脏：在 R 柜中的织物到达设置的阈值件数时，系统会自动以微信形式推送相应信息到洗衣房收送人员及相关负责人手机上，完成收脏的环节。

2. 主要功能

1）切实有效以及创新服务模式，基于互联网+物联网技术，构建智慧医院。

2）长时间未洗涤推送提示，以人为本，降低院感风险。

3）临床科室不需额外预留空间以及货架存放病房织物及医护工装，释放科室库存场地及护士长管理精力。

4）后勤被服运送也不需要和病人争电梯，释放电梯资源，把资源留给病患，可根据库存情况合理安排配送时间。

5）临床和后勤服务实现无人交接，提升服务满意度，减少管理时间成本和精力。

6）降低织物配比数量，节约纺织品成本。

7）用户使用操作灵活。

8）前端数据采集，可以实时同步到平台，便于用户能够统计、分析。

10.2.5 室内电子导航

1. 基本原理及系统构成

物联网摄像机/融通单元内置蓝牙模块，在建设物联网视频监控/医护随身报警等系统时，已经搭建了覆盖全院的可视化物联网（包含蓝牙定位网络），在医院内部提供导航服务。患者及家属进入医院门诊大厅，用手机打开导航软件，手机屏幕上显示出一张平面图，并显示出挂号处、收费处、问讯处的位置。系统与医院的微信服务号无缝对接，通过软件对接集成预约挂号、健康教育、视频点播等功能。

结合基于室内定位技术，依托物联网摄像机/融通单元搭建的可视化物联网网络，向患者提供和就诊流程相结合的导航，提供按就诊流程自动导航、用户自搜索导航、室内位置分享、院外导诊、反向寻车等诸多功能，改善患者就诊体验，提高医院服务水准。

2. 主要功能

（1）按就诊流程自动导航

采用的室内定位导航软件开发工具包（SDK）与医院现有的APP 或微信公众号进行对接开发，同时结合医院挂号及就诊的 HIS，生成线上挂号人员自动分诊、引导就诊区域、看病的具体房间等全流程自动提示服务。

（2）用户自搜索导航

通过室内定位导航 SDK 的 APP 或微信公众号，用户能够分类搜索页面、语音搜索关键字或直接在地图上点选等方式，搜索相关目的地，并规划路径进行实时导航。

（3）室内位置分享

通过室内位置分享功能，亲友、医患、护患之间可以根据一个共享代码分享院内位置，并一键导航至亲友、护士身边。

（4）院外导诊

位置服务支持室内外融合导航，用户在家通过采用室外导航导航至医院，进入停车场或医院后平滑切换为室内导航，在停车场能帮助用户轻松找到空车位，并能通过停车标识，反向寻车。

10.2.6　特殊人员定位系统

1. 基本原理及系统构成

特殊人员定位系统依托物联网摄像机及融通单元覆盖全院的信息传输载体，实现特殊患者腕带报警信息回传、定位器和定位引擎的信息交互。

方案设计在需要明确定位房间的位置安装定位微基站。根据医院的需求，在医院所有病房、治疗室、医生办公室等区域设计了定位微基站，并且按照病床 1∶1 配置了患者手环，患者可以通过标签唯一 ID 和患者住院号进行绑定，从而实现对患者的床位信息、责任护士、主治医生、紧急联系人等信息做系统的记录。通过定位系统提供准确的位置信息，实现对特殊患者的日常管理，提供防走失的解决方案。考虑到患者的特殊性，可以给患者特制的防拆手环，从而对患者日常活动轨迹、停留时间进行记录。

防拆手环有防暴力破坏功能。如果被强行剪断，会立即发出报警信号，报警信号将被病区内的天线矩阵接收，传给后台定位基站，定位引擎从数据库提取相关病人信息，并将病人信息和报警内容发到病区护士站指定监控屏上，提示报警。如果病人带着防拆手环离开病区，将会触发门禁监测点，定位基站同样会收到报警信号，定位引擎这时不仅会将病人信息和报警内容发送到病区护士站指定监控屏上，还会提示报警，并将出口处的监控视频转到护士站的监控屏幕上，方便护士查看报警现场。

2. 主要功能

1）通过在医院公共区域安装物联网摄像机/融通单元，在房间内安装物联网微基站和定位器，实现覆盖全院的物联网程信号覆盖，在特殊（失智、老年）病患身上佩戴可发送射频信号且对人体无害的手环实现安全监护功能，信号接收装置能随时接收到手环所发出的信号，据此信号判断病患的安全状态，实现及时报警并追踪信号。

2）管理平台可利用不同位置的物联网摄像机作为感知点，利用电子围栏功能，创建可以撤防和布防的"封闭通道"，病患在规定时间内进入和离开封闭空间和封闭通道会触发报警。

3）系统平台则可对患者经过和停留的区域进行回放，给出行动轨迹，辅助医护人员进行分析，确定紧急情况的发生原因和应对措施。

4）病患出院前，需要被授权的医护工作人员首先核对信息，然后在系统软件中完成"出院操作"，解除标签报警保护，病患方可出院。

5）病患出院后，手环设备做一次性报废处理，标签经过严格消毒后，重复使用。

6）物联网摄像机除高清音视频采集外，内置全功能无线物联网技术，支持接收报警按钮的报警信息并上传到报警平台，然后转发给相应的智能处警终端。

7）报警管理系统部署在后端监控管理中心，主要实现实时数据的分析处理，管理无线紧急按钮的报警数据和推送报警信息到相应的智能处警终端上，通过管理中心的电子地图监视并及时显示实时报警信息的位置，数据可同时存入存储数据库，监控人员可以通过计算机访问存储服务器查询人员的实时报警信息以及报警处理等。

10.2.7　智能输液监控

1. 基本原理及系统构成

输液监测系统是在不改变原有输液方式的基础上，打造的崭新的输液管理模式。

每个床位或输液位的输液状态、呼叫报警信息通过无线物联网装置实时传送到护士服务台（中央站），护士在服务台就能实时监控患者的输液进程。通过预先设置，系统会自动语音播报提示护士前去更换或终止输液。报警能通过中央站无线发送到护士站、二级护理站、移动 PDA 及护士随身携带的腕表上，以实现护理人员随时随地对患者输液状态及呼叫状态的实时掌控。

输液监测系统使护士通过大屏幕即可实时远程监控到全科患者的输液情况，实现了对余量、滴速及输液异常的提示。通过集中管理和规范服务，医护人员根据输液情况动态管理，科学合理安排工作，主动提供护理服务，及时为患者配药换瓶拔针，提高护理质量，能有效减少病区呼叫响铃次数，同时也解决了患者在输液过程中的焦虑，让患者可以安心休息，提高就诊满意度。

2. 主要功能

1）实时全程记录并监视输液输血过程。

2）提高输液输血的安全管理水平。

3）通过智能系统实现输液输血的闭环管理。

4）全程记录输液过程并形成数据库，同时按管理要求生成统计报表，并进一步为护理工作的持续质量改善提供循证数据依据。

5）提升护理工作效率，减轻护士工作压力，减少不必要的重复劳动，提高输液护理工作的安全性。

6）结合"以患者为中心"的医疗服务理念，为病患提供无需人工陪护的输液输血监视服务，让患者可以安心休息。

7) 为医院打造"无铃声"病房，减少病区陪护人员，隔离输液信息恢复"紧急呼叫"的紧急属性，还给医院更安静、更安全的病区环境。

10.3　其他

10.3.1　手术室视频监控管理及示教系统

1. 基本原理及系统构成

数字化手术室主要是采用网络、信息和影像技术，在 HIS 中调取数据或影像信息，并将手术室患者有关的重要信息，实时多向传输。同时，可以采取实时交互的形式进行远程演示、教学，并对手术进程进行跟踪预览和储存，对手术室的人、财、物进行统一调度和管理的一整套完整的解决方案。

数字化手术室系统共由 6 个部分组成：信号采集部分、信号存储转发部分、信号接收显示部分、控制管理部分、语音交互部分、集中控制部分。

1) 信号采集部分主要负责采集医疗活动中需要传输、记录的各种信号通过编码器编码压缩后发送给示教服务器，主要包括全景摄像机、术野摄像机的视频信号的采集，病人监护仪、麻醉机等监护仪信号采集，医疗影像设备如手术显微镜、磁共振成像（MRI）、超生成像等设备信号采集。

2) 信号存储转发部分主要负责将通过网络接收到的前端各种编码器发送的码流录制存储于示教服务器内，录制的同时通过网络发送直播视频流到接收显示端，同时还响应接收显示端的点播请求并按请求发送视频流到相应接收显示端，主要设备为示教服务器。

3) 信号接收显示部分主要负责从网络接收前端多媒体示教服务器发送的视频流解码后输出给各种显示设备，只要 PC 客户端能通过网络访问多媒体示教服务器，就能接收手术直播、点播。

4) 控制管理部分主要通过 IP 网络对各种设备进行管理控制以及系统的功能扩展等，提供给用户直观、便捷的系统管理方式，主要通过计算机和软件实现。

5）语音交互部分主要通过 IP 网络实现手术室与示教室的语音交流。

6）集中控制部分主要涉及影像的实时采集存储与传输、影像压缩与解压缩技术、PACS 影像调阅与 HIS 信息查询、显示信号路由、语音通信等内容。

2. 主要功能

1）具有全面的、完善的手术直播和手术录播功能。

2）全面整合手术周边信息接入（DSA、腔镜、超声、术中影像），提高手术效率。

3）通过网络、互联网，手术室与示教室之间能够进行互动交流，达到远程进行手术直播或专家远程会诊功能。

4）手术直播的实时录制，可以作为培训教、医院研究、在线学习的珍贵内容资源。

5）提供高清晰的图形质量，可以提供专业可靠的海量储存，将珍贵的内容资源进行管理。

6）移动式手术直播或示教系统，可以配合医院手术的机动性。

7）手术存档，避免医疗纠纷。

8）可以容易生成线上课件，融入医院的学习管理系统。

9）可以融入医院的 HIS。

3. 系统设置

手术室视频监控管理及示教系统配置见表 10-3-1。

表 10-3-1　手术室视频监控管理及示教系统配置表

设备名称	产品外观	设置位置	功能描述
分布式录播服务器		示教工作站	对手术室的信号进行实时合并录制、直播、储存和后期点播
实时录播软件		示教工作站	在线直播、在线录播授课、在线考试、互动答疑、直播公开课、医学讨论等多项功能

设备名称	产品外观	设置位置	功能描述
高清编码器		手术示教设备柜	对高清音视频信息进行压缩编码，可支持网络推送视频流，支持 Web 浏览器访问设置和管理
全景摄像机		手术室	采用鱼眼式全景成像光学系统，可以独立实现大范围无死角监控的摄像机，采用吊装与壁装方式可分别达到 360° 与 180° 的监控效果
术野摄像机		无影灯	把术野摄像机安装在万向臂上，只需要在手术之前将摄像机对准创口即可，手术过程总可以远程对摄像机变焦、聚焦、光圈等进行控制，从而不影响手术工作
数字音频处理器		手术示教设备柜	一种数字化的音频信号处理设备。它先将多通道输入的模拟信号转化为数字信号，然后对数字信号进行一系列可调谐的算法处理，满足改善音质、矩阵混音、消噪、消回音、消反馈等应用需求，再通过数/模转换输出多通道的模拟信号
多功能显示屏		手术室内	可以通过显示屏监看并控制手术室中的实时手术直播
吸顶音箱		手术室内	将手术室中的声波信号转换为电信号，并按一定的要求将电信号进行处理最终用扬声器将电信号再次转换为声波信号进行重放

智慧医院建筑电气设计手册

设备名称	产品外观	设置位置	功能描述
功放		手术示教设备柜	将来自信号源的电信号进行放大以驱动扬声器发出声音
电源时序器		手术示教设备柜	能够按照由前级设备到后级设备逐个顺序起动电源，由后级到前级的顺序关闭各类用电设备，有效地统一管理和控制各类用电设备，确保了整个用电系统的稳定
微型无线领夹或头戴话筒		手术室内	让手术主刀医生更加方便、顺畅地与示教室外的人员进行交流
网络交换机		手术示教设备柜	基于 MAC 地址识别，能完成封装转发数据包功能的网络设备，可以通过在数据帧的始发者和目标接收者之间建立临时的交换路径，使数据帧直接由源地址到达目的地址，保证手术示教系统各设备完成信息交换功能
机柜		手术室内	网络机柜用来组合安装手术室内各种智能化电子元件、器件和机械零部件，使其构成一个整体的安装箱，从而保证机柜内的设备具有良好的电磁隔离、接地、噪声隔离、通风散热等性能

设备名称	产品外观	设置位置	功能描述
示教控制主机		手术室内	要求具有 6 路全高清解码能力，最多支持 4 个显示设备以多画面或单画面方式显示，可将示教室、远程会诊中心的画面传输至手术室内的监控器内，实现全场景远程医学指导咨询
数字化手术室集中控制软件		示教工作站或网络机房	通过触摸屏可以集中控制手术室内的设备，大大提高医护人员的工作效率，增强手术的安全性
存储服务器		示教工作站或网络机房	将手术示教系统中的各种视频、硬盘文件进行数据备份及文件共享

10.3.2　远程医疗会诊系统

1. 基本原理及系统构成

远程诊疗系统是基于互联网，采用现代通信技术、现代电子技术和计算机技术手段，实现各种医学信息的远程采集、传输、处理、存储和查询，从而完成对异地对象的检测、监护、诊断、信息传递和管理功能等的信息系统；远程诊疗系统不仅能满足远程会诊、教学研究、远程医疗和病例库建立的需求，更能大幅度提高医院的医疗水平。为使会诊能够流畅进行，系统应能够支持视频语音、传文件、文字、图片等多种聊天方式，还应保存详细的会诊记录并提供方便的信息查询功能。

远程医疗会诊系统共由 6 个部分组成：远程会诊管理、医学影像管理、专家中心、患者档案管理、设备管理和医院管理。

1) 远程会诊管理：对整个会诊过程进行控制与管理，包括会诊申请、会诊审核、会诊变更、会诊结果上传，以及会诊过程记录等。

2) 医学影像管理：用于会诊相关医学影像的采集、处理、存储及管理，专家在进行远程会诊时，可通过此模块调取患者所在现场的医学影像设备所获得的实时数据，以更好的给出诊断结果或指导意见。

3) 专家中心：该模块支持专家对自己可远程诊疗的病种信息和诊疗过的患者档案等数据进行管理。

4) 患者档案管理：用于对所有的患者信息进行集中管理，包括患者的基本资料、健康状况相关数据、会诊情况记录等。

5) 设备管理：对远程会诊平台所连接的各种硬件设备进行集中管理，方便进行统一的查看及配置。患者所在医疗机构的医生，通过远程协同会诊系统，将患者病历、基本医疗情况及相关的 X 光片、CT 片、心电图、病理切片等诊断结果传输到每位专家的计算机。

6) 医院管理：对远程会诊系统中所有涉及的医院相关信息进行统一管理。

2. 主要功能

1) 以医疗资源整合、系统互联互通、医疗信息共享为建设核心，为患者提供高端优质服务，为基层医院提供强力技术支持，为中心医院业务拓展提供平台。

2) 实现"点对点""一点对多点""多点对一点"的会诊模式，覆盖视频会诊、影像会诊、心电会诊、病理会诊、远程教育、远程手术示教和手术指导、双向转诊等功能。

3) 提供标准化的信息模型与服务接口，便于实现完整的医疗平台融合。

4) 可以将整个会诊过程录制下来，作为病人病历资料的一部分，也可以作为医疗机构对疑难杂症集中会诊的珍贵资料保存下来。

3. 系统设置

远程医疗会诊系统配置见表 10-3-2。

表 10-3-2　远程医疗会诊系统配置表

设备名称	产品外观	设置位置	功能描述
远程会诊系统主机		手术示教室	实现远程会诊预约、会诊服务、会诊资料检索、医疗资源检索等功能
互动云平台		安装于系统主机	实现对各类异构软硬件基础资源的兼容和调度，支持大量的文件储存，同时在多个地方调用呈现
云台摄像机		手术室	能使摄像机进行多个角度摄像
无线耳机			中间的线被电波代替，是从计算机的音频出口连接到发射端，再由发射端通过电波发送到接收端的耳机中

第11章 建筑节能系统

11.1 电气设备节能

1. 变压器

从大量实际工作经验来看，在变压器运行过程中，当其过电压水平达到额定电压值的 5% 时，其内部铁损量将会增加到 15%；而当过电压水平达到额定电压值的 10% 时，其内部铁损量则会急剧增高到额定时的 50% 以上，且变压器内部空载电流值也会大幅度增加，从而增大了供配电系统中的无功损耗总量。因此，选用新型节能变压器对提高建筑电气系统电能使用效率具有非常大的工程实际意义。

医院建筑的运行时间与其他建筑类型有较大差异，基本全年24 小时处于运转状态。作为长期运行变压器，选用较高能效级别的变压器，在长期运行的情况下，比较其他建筑类型，收回成本的时间更短，节能效果更为明显。根据《电力变压器能效限定值及能效等级》（GB 20052—2020）的要求，选用能效等级一级的变压器，节能效果明显。目前医院建筑中的，干式变压器均采用 13 型及以上（满足二级能效值）或者非晶合金类节能环保型、低损耗、低噪声的变压器，变压器应自带强迫通风装置。10kV/0.4kV 绕组联结组别为 Dyn11，从而降低空载损耗节约电能。

2. 电机

中小型电机行业政策从国家层面来看主要就是推广节能高效电

机。高效节能电机采用新型电机设计，应用新工艺及新材料，通过降低电磁能、热能和机械能的损耗，提高输出效率。节能高效电机与普通电机相比，损耗平均下降20%、效率提高2%~7%；超高效电机则比节能高效电机效率平均再提高2%。电机系统节能对推行节能降耗战略的国策影响巨大。

中小型三相异步电动机在额定输出功率和75%额定输出功率的效率不应低于《电动机能效限定值及能效等级》（GB 18613—2020）规定的能效限定值。一般选用1级或2级能效的电动机。

3. 光源及灯具

光源选择是整个照明系统选型设计的主要部分，在工程实际应用中应该结合工程实际情况、灯具使用场所、人员对照明设备的视觉要求，以及照明数量和质量等技术要求来合理选择灯具光源类型；应在满足照明区域显色性、起动时间等技术要求的前提下，优选发光效率高、显色性好、综合使用寿命长、运行安全可靠、安装维护简单方便、性价比较高的发光光源。

贯彻"绿色照明"的原则，室内照明灯具优先采用高光效荧光灯及高效节能灯。办公室、会议厅、各类弱电机房等采用高光效嵌入式 LED 灯。走廊、电梯前室、楼梯间采用高光效节能灯或LED 灯。水泵房、空调机房、强电间、弱电间等设备机房采用普通荧光灯。采用符合电磁兼容要求的荧光灯电子镇流器或节能型电感镇流器。厨房内应设置紫外线消毒灯，灯具的开关应设置在厨房外。

LED 光源的色度应满足《均匀色空间和色差公式》（GB/T 7921—2008）等规范的相关规定及灯色容差、色温指标等要求。

LED 灯具寿命长，理论上，LED 的寿命可以高达 10 万 h，但由于散热不理想、电源配置不完美，实际寿命不可能那么高，现在公认散热器设计得到的 LED 灯具的寿命约为 25000h，T8 荧光灯的寿命通常为 8000h 左右，T5 荧光灯的寿命则为 12000h 左右。LED 灯具的寿命远远大于荧光灯的寿命。

荧光灯的发光效率为 50~70lm/W，电源效率约为 65%，光照效率约为 60%，实际发光效率约为 18lm/W。LDE 灯具的光效为

$50\sim200\text{lm/W}$，一般发光效率可以达到 100lm/W，电源效率约为 95%，光照效率约为 85%，实际发光效率为 58lm/W。LED 灯具实际效率是一般荧光灯的 3 倍。

从使用寿命和光效两个维度考虑，目前，照明灯具选择 LED 灯具较为合适，特殊场合除外。

4. 变频器

为了保证生产的可靠性，各种生产机械在设计配用动力驱动时，都留有一定的富余量。电动机不能在满负荷下运行，除达到动力驱动要求外，多余的力矩增加了有功功率的消耗，造成电能的浪费，在压力偏高时，可降低电动机的运行速度，使其在恒压的同时节约电能。在这种情况下，可通过变频器来实现节能的目的。

暖通空调/制冷系统占整个楼宇耗能的 75%，对暖通空调/制冷系统中的风机、水泵、压缩机负载进行变频控制实现节能是一个可行及成熟的方案。以控制冷冻水泵为例，可以很明显地看出，变频器能有效地控制水泵流量，节能 $30\%\sim50\%$ 很正常。

5. 医疗设备节能

各大医院医疗设备以 CT、MRI、DSA 等为主，其用电量一般占整个院区总用电量的 $20\%\sim30\%$。由于医疗设备待机能耗是正常开机能耗的 10%，因此可结合病源情况确定开机时间，从而降低医疗设备的能耗。

6. 电气新产品节能

每年都有大量电气新产品新技术的出现，我们要评估其对电气节能是否有明显效果，具体从以下几方面进行评估：

1）是否采用新的电源技术或能量回馈技术等方式。

2）通过新产品的应用能否实际降低配电系统容量。

3）结合计算机系统自动控制，能否降低设备能耗。

11.2 电气系统节能

1. 智能配电系统

智能配电系统是按用户的需求，遵循配电系统的标准规范而二次开发的一套具有专业性强、自动化程度高、易使用、高性能、高可靠等特点的适用于低压配电系统的电能管理系统。该系统通过遥测和遥控可以合理调配负荷，实现优化运行，有效节约电能，并有高峰与低谷用电记录，从而为能源管理提供了必要条件；同时对电能按照明插座用电、动力用电、空调用电、特殊用电进行分项计量，为企、事业单位电能节能审计提供依据。

配电元器件及配电柜搭载智能配电系统，可保证系统安全性同时可实现以下功能：

1）场站管理：可呈现项目总览信息，体现设备状态、故障报警等数据汇总，进行可视化管理。

2）能效管理：对断路器对应的回路能耗进行分区域、分项、分时展示和对比；可以按需求、时间、用电类型等方式，对能耗进行分类统计和对比分析。

3）智能配电：具备元器件"四遥"管理，可查询元器件参数信息及状态，并实现断路器远程分合闸操作、双电源主备测试转换。

4）故障管理：可实时监测元器件详细故障信息，并针对故障类型分高、中、低分级报警，并实现故障预警、报警。可迅速定位故障设备，提高检修效率。

5）智能运维：针对故障信号自动生成维护工单提醒相关人员检修维护，并具备闭环审核。

2. 建筑设备监控系统

建筑设备监控系统是智能建筑中的一个重要系统，是将与建筑物有关的暖通空调、给水排水、电力、照明、运输等设备集中监视、控制和管理的综合性系统。其采用分散控制、集中中央监视方式，对建筑内的各类机电设备（包括冷热源系统、空调通风系统、给水排水系统、变配电系统、照明系统、电梯系统等）进行监控和分析，具有自动控制、自动调节、实时监察、故障报警等功能，以实现最优化运行，达到集中管理、程序控制和节能能源等目的，创造一个高效、节能、舒适的智能环境。

具体相关内容详见9.5节。

3. 建筑物能耗管理系统

通过建筑物能耗管理系统平台以及开发接口协议将变配电所电能管理系统及远传抄表计量等系统收集的各种能耗信息进行数据的共享，实现能源数据的集中，实现对各类能耗数据进行统计、分析，并结合建筑的建筑面积、内部功能区域划分、运转时间等客观数据，对整体的能耗进行统计分析并准确评价建筑的节能效果和发展趋势。建筑物能耗管理系统采集的数据可远程传输给上级能耗监测中心，并提供给医院管理部门，为制定节能策略、加强用能管理等提供科学可靠的依据。

具体相关内容详见9.5节。

4. 智能照明控制系统

智能照明控制系统是利用先进电磁调压及电子感应技术，对供电进行实时监控与跟踪，自动平滑地调节电路的电压和电流幅度，改善照明电路中不平衡负荷所带来的额外功耗，提高功率因素，降低灯具和线路的工作温度，达到优化供电目的照明控制系统。智能照明控制系统在确保灯具能够正常工作的条件下，给灯具输出一个最佳的照明功率，既可减少由于过电压所造成的照明眩光，使灯光所发出的光线更加柔和，照明分布更加均匀，又可大幅度节省电能，智能照明控制系统节电率可达20%~40%。智能照明控制系统可在照明及混合电路中使用，适应性强，能在各种恶劣的电网环境和复杂的负载情况下连续稳定地工作，同时还将有效地延长灯具寿命和减少维护成本。

该系统能够实现的相关功能如下：

1）在车库、门厅、走道等公共区域设置智能照明控制系统，通过控制灯光的开启，不仅达到节能目的，同时满足安防紧急状态下强行点亮的控制要求。

2）结合医院大楼的建筑特点，提供大楼照明回路设备的监控、管理功能，以保证大楼的环境舒适性、管理高效性，提供多种节能措施，实现绿色建筑的最终目标。

3）为医院营造出一种温馨、舒适的环境，提高医护人员的工作效率，也能为患者提供一个舒适的环境，减少患者的病痛。利用灯光的颜色、投射方式和不同的明暗亮度，可创造出立体感、层次感，给患者一种艺术欣赏感。

5. 空调系统节能控制

空调系统节能控制主要包含冷热源节能控制、空气处理机组节能控制及空调末端节能控制，具体内容如下：

1）冷热源节能控制：在满足空调区室内空气温度、湿度、空气品质等级要求并保证空调系统正常运行的基础上，根据负荷特性，优化现有空调系统的运行、控制模式，对空调循环水系统进行负载跟踪调节，实现水系统的供需平衡，提高能源利用效率，减少不必要的能源浪费，降低空调电费开支；通过系统集中监控，提高中央空调系统管理效率和控制质量，实现绿色建筑设计目标。

2）空气处理机组节能控制：影响空调房间内空气环境主要是室内的热、湿干扰源和室外的空气、辐射等干扰，因此要维持房间内环境的稳定，就需要以空气或者水为媒介，通过传热、传质等手段来消除这些干扰，以达到节能的目的。

3）空调末端节能控制：将风机盘管状态监控器接入网络，实现中央空调联网集中控制。通过该方案可实现中央空调的远程起停、区域控制、定时、限温、实时温度反馈等功能，大大提升空调运行的管理能力与水平。也可通过并联风机盘管控制器，实现一个温控面板控制多台风机盘管，通过接入无线移动传感器，实现室内无人时自动关闭空调。

6. 谐波治理

由于高次谐波的存在，医务人员在工作中经常遇到医疗设备的故障，轻则出现数据差错、图像模糊、信息丢失；重则硬件突然损坏，软件遭到冲击，设备无法正常工作。特别是检测人体生物电信号的仪器设备，由于信号非常微弱，如受到干扰，可能会影响检测结果造成误诊，严重时可能还会引起微电击，影响人身安全。因此，进行全面的谐波治理是非常必要的。

谐波治理的主要措施如下：

1）对谐波进行测量。在变压器出线侧总开关及大功率谐波源设备所在回路设置具有谐波检测功能的仪表，来检测与监视谐波情况。

2) 限制使用谐波源。在项目初始阶段进行设备采购时，对于变频器等设备应对其畸变率有一定的要求。

3) 尽量避免使用会产生较大谐波源的设备，必要时采用自带谐波抑制装置的设备。

4) 在电力电容器补偿柜中串接适当配比的电抗器来抑制谐波。

5) 采用 Dyn11 接线绕组的配电变压器，以阻断 $3n$ 次谐波对上级电网的影响。

6) 对大功率的 UPS、变频调速设备等回路加装有源滤波器以减少谐波对电网及设备的影响。

7) 对重要弱电设备配电线路采用专线配电。

7. 电梯拖曳系统

采用高效可靠、节能经济的电气控制方案是电动机拖拽系统节能降耗的主要手段，常用的技术方案包括：利用变频调速控制方式改变传统的继电器控制方式，根据系统控制对象需求，动态调节电源输入端电源频率，通过调节电动机转速使整个电动机拖拽系统达到输入与输出间动态平衡，从而达到提高系统功率因素、节能降耗的目的；改变电动机驱动容量，保证其达到最佳运转工况；合理群控呼梯节能控制系统的构筑，通过对大型楼宇建筑内部多部电梯进行合理调度分配管理，防止电梯长期运行在空载或轻载工况下，降低电梯系统能耗，达到节能降耗的目的；电梯回馈技术，将电梯运行过程中产生的一部分能耗反馈到供配电系统中，从而降低电梯系统能耗，达到节能降耗的目的等。

11.3 电气运维节能

1. 智慧医院综合运维管理平台

我国医院建筑智能化、信息化建设历经网络化、数字化、集成化三个阶段，目前正朝智慧化的阶段过渡。

智慧医院的服务范围主要包括三大领域：

1) 以电子病历为核心的信息化的建设，电子病历和影像、检验等其他系统互联互通。

2）很多医院的一体机、自助机，包括用的手机结算、预约挂号、预约诊疗、信息提醒，以及衍生出来的一些服务，比如停车信息的推送、提示等，让患者感受更加方便和快捷。

3）医院精细化管理很重要的一条是精细化的成本核算，用于医院内部后勤的管理，管理者用手机，或在办公室的计算机上就可以看到全院运转的状态，包括 OA 的办公系统。

2. BIM 运维系统

BIM 将传统建筑流程的首尾进行无缝衔接，在项目开始之前就考虑运营需求，贯通"全生命周期的思维方式"。在运维阶段利用设计、施工建立的，含有丰富信息的 BIM 模型可以得到实时的、动态的建筑数据信息，极大提高运营管理的效率和综合效益，同时在运营过程中所积累的大量数据形成的基础数据库，可以不断增加医院本身的信息或资产积累，为以后的战略和运营规划、空间管理、运行与维护提供决策支持。

3. 运维分析和节能效果

收集某地区 10 栋医院建筑的某年全年的能耗数据，进行对比分析，详见表 11-3-1 及图 11-3-1。

表 11-3-1　10 栋医院建筑年度电能指标及面积指标

建　　筑	医院建筑 1	医院建筑 2	医院建筑 3	医院建筑 4	医院建筑 5	医院建筑 6	医院建筑 7	医院建筑 8	医院建筑 9	医院建筑 10
面积/m^2	14675	35724	20000	64250	33000	82850	77879	20167	20315	21160
单位面积年耗电量/(kW·h/m^2)	60.2	46.9	134.8	241.2	216.4	147.3	93.2	124.5	49.5	64.3

图 11-3-1 中，每个圆圈代表一栋医院建筑，圆圈大小代表单位面积年耗电量指标（单位为 kW·h/m^2），中间数字代表每栋医院建筑的面积（单位为 m^2）。10 栋医院建筑单位面积年耗电量指标差异较大，最大值为最小值的约 5 倍。由于每栋医院建筑的框架结构各具特色，室内所安装的空调系统的型号、电气设备、照明、医疗设备等的特性不同，都会改变上述数据。建筑面积的差异，与单位面积年耗电量指标没有明显的相关性。

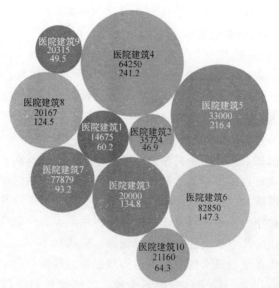

图 11-3-1　10 栋医院建筑单位面积年耗电量指标对比图

11.4　创新方式

1. 分布式光伏并网发电技术

医院建筑的屋顶或者外墙，设置小规模的光伏发电并网系统，提供小部分的三级负荷电力需求。分布式光伏并网发电技术在绿色能源节能减排示范应用方面的体现如下：

（1）弘扬绿色生态建筑理念

光伏电站发出的电量是完全的绿色清洁能源，促进落实国家相关政策。结合建筑建设太阳能光伏发电，是充分体现绿色生态建筑的理念举措。

（2）有效利用空间

太阳能光伏发电与建筑物相结合，充分利用了建筑物空间，节约了土地资源，体现了环保与城市建设的统一。

（3）建筑隔热

据实验测算，在夏季铺有光伏阵列屋顶的室内温度比裸露屋顶的室内温度要低 2~3℃，隔热效果明显，可减少空调耗电量。

2. 冷热电三联供技术

冷热电三联供，即 CCHP（Combined Cooling，Heating and Power），是指以天然气或者沼气等燃料气为主要燃料，带动燃气轮机、微燃机或内燃机发电机等燃气发电设备运行，产生的电力供应用户的电力需求，发电机组排出的余热通过余热回收利用设备（余热锅炉或者溴化锂机组等）向用户供热、供冷。

三联供技术主要应用类型有两种：楼宇式和区域式。前者指的是布置在建筑物楼宇内或者贴近楼宇，为一个用户提供冷热电负荷的分布式供能站，发电机组单机功率不大于 10MW。后者指的是布置在建筑楼宇内或外，独立于用户并靠近用户，为一个区域内的多个用户提供冷热电负荷的分布式供能站，单机功率不大于 25MW。

三联供系统的最大特点是可以实现能源的梯级利用，总效率通常可达 80%以上。以天然气燃料为例，其燃烧后高温段能量转化为高品位的电能，中温段能量可以通过余热锅炉转化为蒸汽，或者通过溴化锂机组转化为冷能，低温段能量则可以提供热能、采暖及生活热水等。

三联供系统产生的电力既可以满足就近的负荷需求，也可以接入公共电网。发电机组产生的废热提供制冷或者供热，减少了空调用电。所以节能、安全、环保和削峰填谷是三联供系统的主要优点。

燃气内燃机是三联供系统的主要设备之一，其单循环发电效率可达 40%以上。以颜巴赫品牌为例，其功率范围涵盖 0.25~10MW，燃气类型包括天然气、沼气、煤矿瓦斯、特殊气体等。

吸收式溴化锂机组是将燃气发电机组转化为冷能的主要设备，其特点是可靠性高、静音、没有运动部件、运行成本低、环保等。其能效指数（COP）根据产品类别不同，单效型可达 0.7 以上，双效型可达 1.4 以上。

3. 风力发电技术

开发可再生绿色能源是建筑节能工作开展的重要组成部分，风能作为一种新型可再生能源，已成为建筑电气节能研究的一个重要课题。在建筑环境中利用风能不仅具有免于输送的优点，所产生的风力电能资源可以直接用于建筑本身，而且其具有节能环保等特性，有望成为一个城市的节能环保工作开展的标志性景观，有效增强市民节能保护意识。

另外，建筑电气新能源节能技术还可以结合工程实际情况，采取风光互补供电系统、太阳能庭院照明、风光互补庭院照明等节能技术措施。

4. 冰蓄冷空调电气节能技术

冰蓄冷空调电气节能技术的原理，是在电力负荷较低的夜间，利用"低谷"区的电能资源采用制冷机进行制冷，将电能转换为冷量，然后利用冰的潜热特性，利用相应储存容量将冷量储存起来。而在电力负荷较高的白天，即电能需求高峰期，把冰中所储存的冷量有机释放出来，以满足建筑物制冷空调系统或其他制冷生产工艺的需求，从而达到添补高峰电能供应不足、利用峰谷电价差节省电费，以及降低空调设备容量等目的。有条件的医院建筑可采用冰蓄冷空调系统，利用水-冰-水转换中伴随着热量迁移的功能特性，尽可能利用夜间电力负荷低谷区的廉价电能资源，让制冷机在最优工况条件下运转制冰，将楼宇制冷空调系统所需全部或部分冷源以潜热形式储存于固态或结晶状冰体中，这样，当空调系统出现过负荷工况时，冰就会自动吸收相应热量融化，以低温能量水提供空调系统运转所需的冷源，从而实现将低谷电能资源向高峰电能资源转换的目的，达到电能能源的充分利用，提高空调制冷设备的综合利用率。在现代分时电价的广泛实施过程中，有效将低谷廉价电能资源转换到高峰时利用，将会取得非常显著的节约电费的经济效益。

5. 数据中心微模块机房技术

模块化数据中心方案是当今行业中主流和领先的应用方案，在各行业的大中小型机房中得到广泛的应用，并受到行业专家和用户高度认可。人们对其便捷性、可扩容性、低运营成本、高可靠管理性、整洁美观给予了高度评价。

目前，医院信息化建设的投入越来越大，对医院自身数据中心的需求日趋迫切。数据中心能耗密集，数据中心采用微模块机房技术，封闭式冷通道封闭架构，对冷热气流进行物理隔离，降低能耗。

6. 医院信息化建设

2018 年 4 月 13 日，国家卫生健康委员会发布《全国医院信息化建设标准与规范（试行）》（以下简称《建设标准》），指标体系如图 11-4-1 所示。

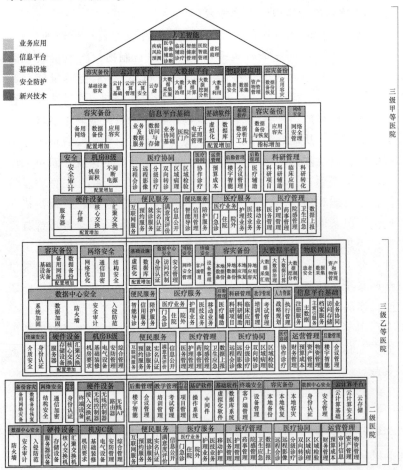

图 11-4-1 《全国医院信息化建设标准与规范（试行）》指标体系图

7. 光环境与医疗

医院建筑的光环境不再局限于满足照度的要求，而是更加强调舒适性，以满足患者和医务人员生理和心理需求。自然光相较于人工照明，有着生理、心理等各方面的优势，在医院建筑的设计过程中，应优先将自然光通过各种手段高效高质地引入建筑内部，改善室内光环境。

根据皮质醇和退黑素，以及人体生物钟原理，用动态的灯光来模拟日光，自动运行，将白天的光照优势带给患者和医疗工作者，为患者恢复提供更好的睡眠（觉醒节律），改善患者的日常活动模式；创造让患者感觉更好的独特氛围；在诊断和急救时提供高质量的照明；夜灯模式保证患者起夜时不会影响其他患者。预设唤醒和安睡模式，通过降低房间的色温及照度，给人舒适安心的灯光氛围，帮助睡眠，模拟太阳光把人自然唤醒，为患者营造出舒适的室内光环境。

第12章 典型案例

复旦大学附属华山医院北院位于上海，借助于施耐德电气 EcoStruxure™ 楼宇和配电解决方案构建数字化智慧医院。医院外观如图 12-1 所示。

图 12-1 复旦大学附属华山医院北院外观图

1. 背景

我国作为世界上人口最多的国家，城镇化及老龄化进程正在加速，对医疗服务的需求量与日俱增。医院作为提供医疗服务的核心场所之一，面临越来越严峻的压力。在《"十三五"卫生与健康规划》《全国医疗卫生服务体系规划纲要（2015—2020 年）》等政策法规的共同影响下，我国医院建设与改造步伐正在提速。复旦大学附属华山医院北院作为上海市政府"5+3+1"工程的重点项目，于 2012 年建成，随着接收和诊治患者的数量日益增长，其后勤管理服务也面临巨大挑战。

2. 目标

1）应对后勤管理服务的巨大压力，对原有楼宇自控系统进行

升级改造，改善用电质量与安全问题，消除隐患并降低能源成本。

2）保障医院运行安全、满足舒适度、实现精细化管理，并极大提升节能增效效果，契合新时代医院后勤发展"安全、优质、高效、低耗"的方向，构建"明日智慧医院"。

3. 医院后勤管理的挑战

医院作为国计民生的重要基础设施，承载着患者的健康与生命，同时也面临着巨大的能效挑战。医院的科室分布复杂，关键区域众多，对于用电安全、连续性，以及监控、后期运维、能效管理等要求十分严苛。因此，设计和建造智能医院，以数字化优化整体管理及运营水平，进一步节能增效，从而改善服务质量和患者体验，成为普遍需求。医院的能效管理需要不断探索和创新，从而为"明日医院"的管理积累经验，并摸索出新模式、新方法、新方向。

复旦大学附属华山医院北院于 2012 年 12 月 18 日开业试运行，是一家集医、教、研于一体的三级甲等综合性医院，总建筑面积为 7.2 万 m^2，拥有门诊楼、医技楼、住院楼、传染病楼和综合楼等 5 幢主体建筑，核定床位 600 张，编制职工 800 名，预开设内、外、妇、儿、中等 35 个临床和医技科室。医院秉承绿色可持续发展的目标，致力于通过智能化的管理手段，优化医院运营水平，在充分保障患者健康及安全的基础上，实现节能增效。值得一提的是，华山医院北院急诊部对于综合 ICU 一体化管理模式的探索获得了中国医院协会（Chinese Hospital Association）2017 年医院科技创新奖获三等奖，体现出院方朝数字化医院升级的坚定信心。

4. 基于 EcoStruxure 的强弱电一体化解决方案

作为三甲医院的代表，2012 年建成的华山医院北院每天需要接收和诊治大量患者，导致后勤管理服务的压力日益增加。因此，医院寄希望于通过对原有楼宇自控系统进行升级改造，在缓解后勤压力的同时，切实改善用电质量与安全问题，消除隐患并降低能源成本，而其面临的挑战同样巨大：

1）多个系统并存，但集成率低，无统一界面管理。

2）自控系统及设备未得到充分使用，设备能耗高。

3) 后勤运维压力大，需要提高管理效率。

4) 表计无分析功能，无法实时监控电能质量问题。

5) 电力系统无法提前预警，用电安全存在隐患。

基于 EcoStruxure 架构与平台，施耐德电气为华山医院北院量身打造了强弱电一体化完整解决方案（见图 12-2），在对原有楼宇自控系统进行升级改造的同时，更将电能安全、质量监控功能融入其中，极大提升了节能增效效果。

图 12-2　强弱一体化完整解决方案

（1）互联互通的产品

包括自动转换开关（ATS）、电能质量监测装置、灯光控制、传感器、阀门及控制器等产品，保障底层设备的互联互通和相关系统可靠稳定运行的同时，对用电设备安全及电能质量进行全面检测和数据收集，为后续分析、改善奠定基础。

（2）边缘控制

通过 EcoStruxure Power Monitoring Expert（PME）电能管理软件及 EcoStruxure Building Operation（EBO）楼宇运营系统软件平台等，共享实时数据，集中管理并分散控制空调、照明等高能耗系统，实现医院精细化后勤管理和高效运维。

（3）应用、分析与服务

基于 EcoStruxure Power Advisor 电力顾问，提供用电安全分析服务，并通过配电侧的数据分析调整楼宇自控系统的控制策略，提高设备运行效率和能源使用效率，进一步节省了人力和能耗成本。

5. 构筑医院集团化管理样板

随着近十几年来医院发展，不仅是医疗技术和医疗信息化技术发展迅速，医院的后勤信息化技术发展也非常迅猛。与过去相比，现代医院后勤的数字化技术更多集合了互联网技术、移动互联技术、物联网技术、云技术、人工智能等现代科技元素。未来发展的方向是多系统的互联互通，集成一体，在云平台上实现数据共享，以达到更好的节能增效、优化管理等方面的效果。

同时，集团化统一管理正成为医院未来的发展方向之一，可以看到目前有许多三甲医院都有新建院区，或成立了医联体，对外输出技术和管理，实现双向转诊。这种形式可以有效缓解我国优质医疗资源发布不均衡的局面，充分利用现有医疗资源，改善人们看病难的问题。医院后勤信息化管理可以有效提高医院后勤管理的效率，实现集团内多院区的同质化管理。

作为华山医院北院的合作伙伴，施耐德电气此次根据医院的实际痛点，一次规划，分步实施，并为今后的完善和发展打好了基础。"罗马不是一天建成的"，施耐德电气还将根据系统的运行状况对其进行不断优化，并根据需求，利用各种新技术、新设备让整个系统不断突破瓶颈，在医院全生命周期的运行管理中发挥越来越重要的作用，从而让医院获得更多价值，并为集团化统一管理提供积极的参考。

6. 打造智意后勤神经中枢，助力节能增效、安全运行

此次施耐德电气基于 Ecostruxure 为华山医院北院提供的楼宇解决方案，成功将强弱电一体化的理念付诸实践，形成智慧后勤神经中枢，并运用了大量融合了先进技术的数字化手段，有效地帮助医院解决运行安全、满足舒适度、降低运行成本、实现精细化管理等问题，符合医院后勤"安全、优质、高效、低耗"的原则，并为院方提供了诸多管理手段，例如：①帮助院方在用电设备安全方面进行监管，找出安全隐患；②重要医疗器械电能质量进行监控，提高设备运行效率；③重要用电回路用量计量，提高能源使用效率；④对空调和照明系统进行达到集中管理、分散控制目的，节省人力和能耗的费用。

改造后的智能化系统已于 2018 年 6 月正式投入使用。据复旦大学附属华山医院北院后勤处处长董安介绍，从投入使用以后两个多月的运行数据来看，系统优化了后勤管理服务质量与效率，保障了用电安全，以及达到了全自动化管控和 18% 的节能，同时，人工运维效率得到提高，故障排查及处理时间节约 20%，已经达到了改造前院方的预期目标。特别是在空调系统的节能降耗方面，效果尤其明显。而空调系统恰恰是整个医院建筑中能耗最大的部分。同时，照明系统的节能也非常显著，冷热水供应系统则实现了自动化管理。

　　此外，施耐德电气提供的 EcoStruxure Power Advisor 电力顾问服务则是打通了医院智能化的"最后一公里"，通过大数据、人工智能以及配电领域的专家的协同配合，在对大量数据进行专业分析后发现问题，然后找到原因并提出解决方案，最终为院方提供一份切实可行的报告。

参 考 文 献

[1] 中华人民共和国国家卫生健康委员会. 综合医院建设标准：修订版征求意见稿 [EB/OL]. (2018-10-09) [2021-04-10]. http：//www. nhc. gov. cn/guihuaxxs/gw1/201810/2d754330911042efa6c30fb63ec39578. shtml.

[2] 中华人民共和国住房和城乡建设部. 综合医院建筑设计规范：GB 51039—2014 [S]. 北京：中国计划出版社，2015.

[3] 全健儿. 近现代医疗建筑的发展初探：兼论发达国家医疗建筑发展对中国的影响 [D]. 上海：同济大学，2008.

[4] 中华人民共和国住房和城乡建设部. 医疗建筑电气设计规范：JGJ 312—2013 [S]. 北京：中国建筑工业出版社，2014.

[5] 中华人民共和国住房和城乡建设部. 20kV 及以下变电所设计规范：GB 50053—2013 [S]. 北京：中国计划出版社，2013.

[6] 中国航空规划设计研究总院有限公司. 工业与民用供配电设计手册 [M]. 4 版. 北京：中国电力出版社，2016.

[7] 住房和城乡建设部工程质量安全监管司，中国建筑标准设计研究院. 全国民用建筑工程设计技术措施：电气 2009 年版 [M]. 北京：中国计划出版社，2009.

[8] 中国建筑设计院有限公司. 建筑电气设计技术细则与措施 [M]. 北京：中国建筑工业出版社，2015.

[9] 中华人民共和国住房和城乡建设部. 民用建筑电气设计标准：GB 51348—2019 [S]. 北京：中国建筑工业出版社，2020.

[10] 苏石川，刘炳霞. 现代柴油发电机组的应用与管理 [M]. 2 版. 北京：化学工业出版社，2010.

[11] 中国勘察设计协会电气分会. 中国建筑电气节能发展报告：2020 [M]. 北京：机械工业出版社，2020.

[12] 中国建筑标准设计研究院. 人民防空地下室设计规范图示：建筑专业：05SFJ10 [S]. 北京：中国计划出版社，2005.

[13] 中国建筑标准设计研究院. 防空地下室固定柴油电站. 08FJ04 [S]. 北京：中国计划出版社，2008.

[14] 中国建筑标准设计研究院. 人民防空地下室设计规范图示：电气专业：05SFD10 [S]. 北京：中国计划出版社，2005.

[15] 中华人民共和国住房和城乡建设部. 电动汽车分散充电设施工程技术标准：GB/T 51313—2018 [S]. 北京：中国计划出版社，2018

[16] 北京照明学会照明设计专业委员会. 照明设计手册 [M]. 3 版. 北京：中国电力出版社，2016.

[17] 全国建筑物电气装置标准化技术委员会. 建筑物电气装置第 7-710 部分：特殊装置或场所的要求 医疗场所：GB 16895.24—2005 [S]. 北京：中国标准出版社，2006.

[18] 照明学会. 照明手册：原书第二版 [M]. 李农，杨燕，译. 北京：科学出版社，2005.

[19] 中华人民共和国住房和城乡建设部. 传染病医院建筑设计规范：GB 50849—2014 [S]. 北京：中国计划出版社，2015.

[20] 徐俊丽，郝洛西. 医院建筑健康光照环境研究：以病房为例 [J]. 华中建筑，2019（12）：63-67.

[21] STONE P T. The effects of environmental illumination on melatonin, bodily rhythms and mood states: A review [J]. Lighting Research and Technology, 1999, 31 (3): 71-79.

[22] 赖传杜，庄其仁，张晓婷，等. 显色指数 CQS 和 CRI 对光源显色性评价的差异分析 [J]. 照明工程学报，2017，28（2）：46-51.

[23] 徐展，闫丹. 颜色偏好的性别差异研究进展 [J]. 心理科学，2015，38（2）：496-499.

[24] 朱莹莹，汝涛涛，周国富. 照明的非视觉作用及其脑神经机制 [J]. 心理科学进展，2015，23（8）：1348-1360.

[25] MARTORELL A J, PAULSON A L, SUK H J, et al. Multi-sensory Gamma Stimulation Ameliorates Alzheimer's-Associated Pathology and Improves Cognition [J]. Cell, 2019, 177 (2): 256-271.

[26] 吴育林，魏彬，林庆，等. 关于构建光健康理论体系的研究 [J]. 照明工程学报，2020，31（1）：192-195.

[27] 李农林，周萌萌. 人类照明需求层次理论与照明设计 [J]. 照明工程学报，2015，26（3）：48-51.

[28] 赵鹏宇，孙黎. 核电厂核级电缆辐照老化规律研究 [J]. 科技视界，2019（29）：219-220.

[29] 《中国医院建设指南》编撰委员会. 中国医院建设指南 [M]. 4 版. 北京：研究出版社，2019.

[30] 中华人民共和国住房和城乡建设部. 医院洁净手术部建筑技术规范：GB 50333—2013 [S]. 北京：中国建筑工业出版社，2013.

[31] 中华人民共和国住房和城乡建设部. 传染病医院建筑施工及验收规范：GB 50686—2011 [S]. 北京：中国建筑工业出版社，2011.

[32] 中华人民共和国住房和城乡建设部. 建筑物防雷设计规范：GB 50057—2010 [S]. 北京：中国计划出版社，2011.

[33] 中华人民共和国住房和城乡建设部. 火灾自动报警系统设计规范：GB 50116—2013 [S]. 北京：中国计划出版社，2013.

［34］ 王琳琳，冯威，黄剑韬，等. 基于信息化医疗系统的智慧医疗 App 应用设计与思考［J］. 中国数字医学，2019，14（2）：118-121.

［35］ 白徽志，刘泽华. 基于"互联网+"智慧医疗的医院信息化平台建设与应用研究［J］. 通讯世界，2020，27（4）：58-59.

［36］ 中华人民共和国住房和城乡建设部. 智能建筑设计标准：GB 50314—2015［S］. 北京：中国计划出版社，2015.

［37］ 庄迎春. 论绿色建筑与地源热泵系统［J］. 建筑学报，2004（3）：48-50.